Dr. Sandip R. Kelode

Química electrobiológica

Dr. Sandip R. Kelode

Química electrobiológica

Química Electrobiológica de Complexos Metálicos e Compostos Químicos

ScienciaScripts

Conteúdo

Capítulo - 1

Introdução à Química Electrobiológica

Geral

As bases de Schiff são compostos químicos formados a partir da reação de condensação de aldeídos ou cetonas com aminas. Estes compostos são utilizados principalmente na indústria e também têm actividades biológicas significativas, incluindo antioxidantes, antibacterianas, antifúngicas, antivirais e antitumorais. A maioria destes compostos apresenta excelentes actividades catalíticas. As bases de Schiff são consideradas os ligandos mais versáteis, uma vez que formam complexos com os átomos metálicos. São chamadas ligandos privilegiados porque estes compostos podem ser sintetizados simplesmente por condensação ou micro-ondas. A síntese assistida por micro-ondas é um método químico ecológico, a aplicação da tecnologia assistida por micro-ondas é útil na síntese orgânica porque é simples, sensível, reduz o risco, muitas vezes é possível reduzir os tempos de reação para alguns minutos sem solvente ou com pouco solvente e aumentar os rendimentos e facilitar o trabalho em comparação com os métodos convencionais. A química de coordenação foi estudada por Alfred Werner (1866-1919), a quem foi atribuído o Prémio Nobel em 1913 pela sua teoria de coordenação de complexos de metais de transição-aminas. Mais tarde, o campo da química de coordenação cresceu devido à grande variedade de ligandos e à sua capacidade de ligação ao ião metálico central. É por isso que a natureza optou por utilizar metais em locais especiais nas enzimas para realizar trabalhos altamente especializados e na indústria e a síntese de produtos químicos é feita com o catalisador de compostos metálicos. A variedade de aplicações dos compostos de coordenação é impressionante, indo da química analítica à bioquímica. Algumas aplicações importantes dos compostos de coordenação são no mundo mineral, no mundo vegetal, nas artes e nas ciências, na galvanoplastia, na metalurgia do ouro, no processo fotográfico, nos corantes, na seda artificial, etc. Alguns compostos de coordenação são de importância biológica: a clorofila é um composto de magnésio e os pigmentos sanguíneos são compostos de ferro relacionados. O conhecimento crescente sobre a capacidade de coordenação dos iões metálicos com os ligandos influencia muitas das reacções complexas, das quais depende o processo vital dos organismos vivos. A maioria dos oligoelementos essenciais funciona provavelmente através do processo de coordenação.

Os complexos de coordenação eram conhecidos - embora não compreendidos em qualquer sentido - desde o início da química, por exemplo, o azul da Prússia e o vitríolo de cobre. O principal avanço ocorreu quando Alfred Werner propôs, entre outras coisas, que o Co(III) tem seis ligandos numa geometria octaédrica. Ele resolveu o primeiro complexo de coordenação, chamado hexol, em isómeros ópticos, derrubando a teoria de que a quiralidade estava necessariamente associada a compostos de carbono. A teoria permite compreender a diferença entre cloreto coordenado e iónico nos cloretos de amina de cobalto e explicar muitos dos isómeros anteriormente inexplicáveis.

Aplicação de compostos de coordenação

1) Alguns ligandos oxidam o Co^{2+} em ião Co^{3+}.

2) O EDTA é utilizado para a estimativa de Ca^{2+} e Mg^{2+} em águas duras.

3) A prata e o ouro são extraídos por tratamento do zinco com os seus complexos de cianeto. Compostos de coordenação

As bases de Schiff são compostos que contêm uma ligação azometina ($>C=N-$) e são formadas pela condensação de aminas primárias com os compostos carbonílicos activos.

$$\underset{R'}{\overset{R}{>}}C{=}O \ + \ H_2N{-}R'' \longrightarrow \underset{R'}{\overset{R}{>}}C{=}N{-}R'' \ + \ H_2O$$

O estudo de uma série de compostos de coordenação está ligado à coordenação de metais com os ligandos de base de Schiff. Os ligandos polidentados da base de Schiff coordenam-se com o átomo de metal de modo a formar um anel heterocíclico, o que é conhecido como quelação. O conhecimento crescente sobre a capacidade de coordenação dos iões metálicos com os ligandos influencia muitas das reacções complexas, das quais depende o processo vital dos organismos vivos. Algumas aplicações importantes dos compostos de coordenação são no mundo mineral, no mundo vegetal, na metalurgia do ouro, na galvanoplastia, no processo fotográfico, na seda, nos corantes e nas ciências. Embora os compostos de coordenação sejam utilizados em todos os ramos da química, desde a modelação teórica até ao controlo industrial da poluição ambiental e dos produtos de consumo.

Base de Schiff :

Schiff H. Josef foi um químico alemão que, em 1864, descobriu o produto de condensação de um aldeído ou cetona com uma amina primária, estes produtos são conhecidos como bases de Schiff [1]. As bases de Schiff são geralmente designadas por azometinas, anilas, oximas, hidrazonas, semicarbazonas, tiossemicarbazonas ou iminas e os seus derivados continuam a fornecer as facetas mais interessantes no domínio da química de coordenação [2-7]. Os ligandos das bases de Schiff que contêm o grupo azometina ($>C=N$) encontrado na base de Schiff são constituídos por hidrazonas que também têm sido aplicadas como ligandos, embora não tenham sido amplamente divulgadas [8-12] como as bases de Schiff. As hidrazonas também têm atividade farmacológica [13-16] e utilizações analíticas [17]. Kumar et al [18] sintetizaram e caracterizaram os complexos de manganês(II), cobalto(II), níquel(II), cobre(II), zinco(II), cádmio(II), ferro(III), zircónio(IV), dioxomolibdénio(VI) e dioxourânio(VI) de bases de Schiff dibásicas tridentadas suportadas em poliestireno derivadas de semicarbazida e ácido 3-formil salicílico. A reação de troca de quelatos entre bases de Schiff de Bis (acetilacetonato), oxovanádio(IV) e salicilideno benzoil hidrazona foi estudada por Dutta et al [19]. Price et al [20] apresentaram polímeros de coordenação de manganês(III) e ferro(III) contendo ligandos de base de Schiff e dicinamida.

A síntese e os estudos magnéticos e espectrais dos compostos de coordenação da base de Schiff tridentada diabásica ancorada em poliestireno foram investigados por Kumar et al [21]. Habibar Chowdhury et al [22] estudaram triscomplexos heterolépticos de ruténio (II/III) contendo uma base de Schiff bidentada. Jaya Banerjee et al [23] relataram a síntese, caraterização e estrutura de raios X de um complexo azido mononuclear de zinco(II) contendo uma base de Schiff tetradentada. A síntese e a caraterização de alguns complexos de vanádio(III) com bases de Schiff tetradentadas foram elogiadas por Kamalendu Det et al [24]. Maurya et al [25] descreveram a síntese e os estudos magnéticos e espectrais de alguns novos quelatos binucleares de dioxomolibdénio(VI) envolvendo bases de Schiff derivadas de fármacos sulfa e 4-benzoil-3-metil-1-fenil-2-pirazolina-5-ona. Também relataram a síntese de seis novos complexos binucleares de dioxomolibdénio(VI). Todos os complexos eram diamagnéticos. Síntese e caraterização de derivados de base de Schiff de complexos bimetálicos de Mg(II) : Al(III)-U-oxoiso-propóxido foram descritos por Sharma et al [26]. Mishra et al [27] relataram a síntese, estudos espectroscópicos, otimização da estrutura molecular e atividade de superóxido dismutase de motivos supramoleculares assistidos por bipiridilo de cobre(II) e zinco(II) contendo uma base de Schiff octadentada. A síntese, a caraterização estrutural por raios X e os estudos em solução de um complexo mononuclear Ni(II)-base de Schiff com grupos formilo livres foram relatados por Gupta et al [28]. Jhaumeer Laulloo [29] sintetizou as propriedades biológicas e catalíticas do complexo de Ru(II) benzamidas de Schiff. Richardson et al [30] estudaram amplamente que a hidrazona isonicotinoil de 2-hidroxi-1-naftaldeído e vários outros quelantes de aroil hidrazona (bases de Schiff) possuem atividade antineoplásica devido à sua capacidade de se ligarem ao ferro intracelular. Examinaram igualmente a estrutura e as propriedades da hidrazona isonicotinoílica de 2-hidroxi-1-naftaldeído e do seu complexo de Fe(III), a fim de aprofundar o conhecimento da sua atividade antitumoral. Banerjee et al [31] relataram muitos fármacos que são conhecidos por serem potenciados pela complexação com iões metálicos. Assim, a atividade antituberculosa da hidrazida do ácido isonicotínico é aumentada dez vezes pela atividade carcinostática do Cu(II) de muitos fármacos. Shirodkar et al [32] apresentaram a química da síntese e estudos fungitóxicos de complexos de Mn(II), Co(II), Ni(II) e Cu(II) de bases de Schiff derivadas do ácido desidroacético e de anilinas substituídas. Maurya et al [33] relataram a base de Schiff derivada da 4-butiril-3-metil-1-fenil-2-pirazolina-5-ona e de certas aminas aromáticas e os seus complexos mono e binucleares de oxovanádio(IV) e dioxotungsténio(VI). Singh et al [34] estudaram a geometria quadrado-piramidal para os complexos mono e dinucleares de oxovanádio(IV). Tendo em conta a importância tóxica da porção >N-C=S, a síntese, caraterização e atividade biológica dos complexos de Mn(III), Co(III), Ni(II), Cu(II) e Zn(II) de salicilaldeído, tiobenzidrazona.

Rao e Reddy [35] estudaram complexos de Co(II) com uma série de heteroaroil-hidrazonas com base na condutância molar, dados magnéticos e espectrais, tendo sido sugeridas estruturas octaédricas (1, 2) para estes complexos.

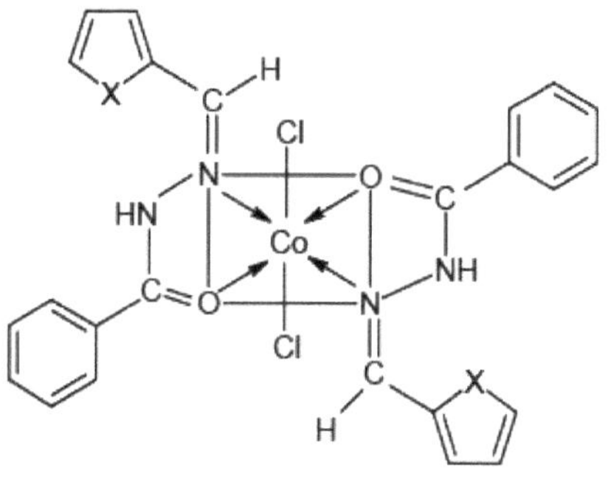

(1) X = O or S

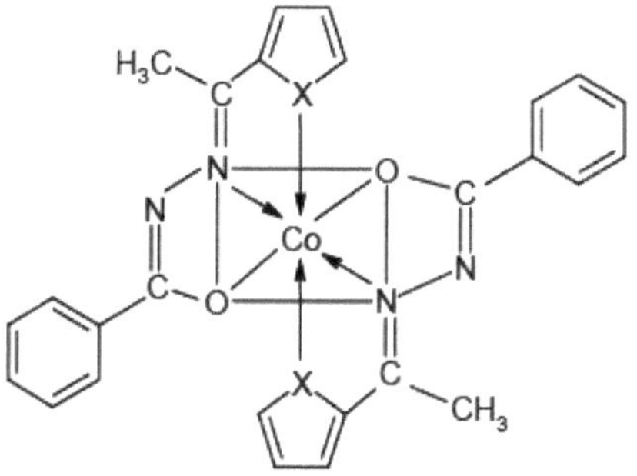

(2) X = O or S

Hueso-Ure et al [36] publicaram um trabalho sobre a síntese e caraterização espectroscópica de complexos de Ni(II), Cu(II), Zn(II) e Cd(II) contendo hidrazonas derivadas de 6-amino-5-formil-1,3-dimetiluracil e hidrazidas de ácido nicotínico e isonicotínico. Em todos os casos, os complexos parecem ser monoméricos e quatro coordenados, com três sítios de ligação ocupados pelo ligando tridentado dinegativo, que formam dois anéis quelatos de cinco e seis membros e a quarta posição é ocupada por uma molécula de água ou de amoníaco. Os complexos de Fe(II) e Fe(III) da hidrazona do ácido isonicotínico do 3-hidroxi-benzaldeído foram descritos por Reddy et al [37]. Deoghoria et al [38] estudaram a síntese, a estrutura cristalina de raios X e as propriedades magnéticas de novos complexos binucleares derivados de ligandos de base de Schiff pentadentados. Tocher et al [39] efectuaram a síntese de núcleos piramidais trigonais de CuN4 montados por uma família de bases de Schiff tetradentadas doadoras de N. Mohd. Siddique et al [40] publicaram um artigo sobre os estudos ultra-sónicos da base de Schiff e das 2-acetidinonas substituídas em misturas CCl4-água, etanol-água e acetona-água a 298,5 ± 0,1 Chettiyar et al [41] centraram-se na síntese e caraterização de quelatos metálicos de base de Schiff suportados por polímeros. Aswale et al [42] apresentaram a química da síntese e a caraterização de policelatos de Cr(III), Mn(III), Fe(III), Vo(IV), Th(IV), Zr(IV) e uo2(VI) derivados da base de Schiff de salicilaldimina bis-bidentada. A síntese e a estrutura cristalina da pirazolona de base de Schiff foram estudadas por Miao Ru, Li Shuoliang et al [43]. El-Boraey [44] relatou os estudos estruturais e térmicos de algumas bases de Schiff de aroil-hidrazonas com complexos de metais de transição. Jena et al [45] sintetizaram os complexos metálicos tetranucleares de Ni(II) com m-Bi-(1,3,5-trioxohexy) benzeno e m-Bis-(1,3,5-trioxo-s-fenilenty) benzeno e o correspondente complexo microcíclico de base de Schiff formado na reação com o-fenileno-diamina. A síntese e a caraterização de alguns complexos de metais de transição (II) de acetona p-amino acetofenona saliciloil hidrazona e a sua atividade antimicrobiana foram relatadas por Singh et al [46]. Zhou e Peng [47] estudaram a síntese, a estrutura cristalina, as propriedades electroquímicas, EPR e magnéticas de complexos dinucleares com um ligando macrocíclico de base de Schiff difenolato assimétrico Okawa-estrilo. Os estudos de síntese, estrutura e ligação ao ADN de um complexo mononuclear de cobalto(II) com uma base de Schiff doadora de NNO derivada de 4-metil-2,6-dibenzoilfenol e etano-1,2-diamina foram revistos por Gupta et al [48]. Bagherzadeh et al [49] estudaram a atividade catalítica de complexos de oxazolina de manganês(III) na epoxidação de olefinas por peróxido de hidrogénio de ureia. Renehan et al [50] descreveram a síntese de ligandos quirais não simétricos da base de Schiff salen e a sua utilização na reação de epoxidação assimétrica com base em metais. Síntese, caraterização e estrutura cristalina de raios X de complexos de cobre (II) com ligandos de base de Schiff tetradentados assimétricos. A primeira evidência de rearranjo catalisado por Cu(II) de complexos assimétricos para simétricos foi efectuada por Ray e Bhattacharya [51]. Boghaei et al [52] estudaram complexos de base de Schiff de vanadilo tetradentados não simétricos derivados de 1,2-fenileno diamina e 1,3-naftaleno diamina como catalisadores para a oxidação do ciclo-hexeno. A interação entre as ligações de hidrogénio em bases de di-Schiff assimétricas, estudada através do efeito do isótopo de deutério nos deslocamentos químicos de RMN de^{13} C, foi relatada por Rozwadowski et al [53]. Pietikainen et al [54] estudaram a síntese e a atividade catalítica de novos complexos quirais assimétricos de Mn(III)-base de Schiff contendo salicilaldeído e unidade de 1-(2-hidroxifenil) cetona. Campbell et al [55] relataram ligandos assimétricos do tipo salen, síntese de alto rendimento de bases de Schiff do tipo salen contendo duas porções diferentes de benzaldeído. Raman et al [56] examinaram a síntese e caraterização de complexos de bases de Schiff de Cu(II), Mn(II), Zn(II) e VO(II) derivados de o-fenilenodiamina e acetoacetianilida. Os complexos de ruténio(II) contendo bases de Schiff bidentadas e trifenilfosfina ou trifenilarsina foram investigados por Viswanathamurthi et al [57]. Sah et al [58] estudaram os complexos de cobre(II) tri e tetranucleares constituídos por blocos de construção quirais de Cu(II) mononucleares com um ligando de base de Schiff derivado do suhar. Feng Luo et al [59] estudaram a síntese de uma só panela de bases de Schiff contendo aglomerados de Ni8: síntese solvotérmica, estrutura e propriedades magnéticas. Naik et al [60] publicaram uma nova abordagem para a síntese rápida e eficiente de bases de Schiff heterocíclicas e acetidinonas sob irradiação de micro-ondas. Karaoglan et al [61] relataram a síntese e caraterização de uma nova base de Schiff e dos seus complexos metálicos. Um novo ligando de base de Schiff 2-(6-(CE)-1-(2-heptadecil-carboniloxifenilmetilideno-amino) [1,10] fenantrolina-5-il-iminometilfenilestearato foi sintetizado a partir da reação de 5,6-bis (salicilidenoimino)- 1,10-fenantrolina com ácido esteárico. O ligando reage com sais de Co(II), Ni(II) e Cu(II) para formar complexos. O ligando foi caracterizado por FTIR,[1] H-NMR (DMSO-d6), UV-vis e espectros de massa, análise elementar e espetrofotometria de fluorescência. As constantes de protonação do ligando e as constantes globais de formação dos complexos foram calculadas a partir de dados potenciométricos. Achary et al [62] concentraram-se no estudo das bases de Schiff como modificadores de superfície para proteção contra a corrosão do cobre em ácido sulfúrico. De acordo com Chowdhury et al [63], a síntese, a estrutura e o comportamento luminescente de complexos de cobre(II) cianato contendo bases de Schiff bidentadas com N-doadores. Polímeros unidimensionais de Mn(III) com ponte de azida: os efeitos do grupo lateral dos ligandos de base de Schiff na estrutura e no magnetismo foram estudados por Mei Yuan et al [64]. Lalehzari et al [65] sintetizaram os complexos monohélicos de cadeia dupla a partir de um ligando de base de Schiff quiral não simétrico. Pang et al [66] demonstraram que a montagem dependente do metal de um aglomerado Helicoidal-[Co3L3] versus um aglomerado Meso-[Cu2L2] com um ligando de base de Schiff O,N,N',O'- estruturas e propriedades magnéticas. Algumas bases de Schiff como inibidores de corrosão do zinco em ácido sulfúrico, caracterizadas por Desai et al [67]. Chittilappilly et al [68] relataram a síntese, caraterização e propriedades biológicas de complexos de bases de Schiff de ruténio(III) derivados de 3-hidroxiquinoxalina-2-carboxaldeído e salicilaldeído. O efeito dos substituintes no comportamento térmico de algumas bases de Schiff duplas simétricas contendo um grupo cardo foi relatado por Aghera et al [69]. Li-Huo et al [70] estudaram a síntese e o espetro de novas bases de Schiff como ligandos polidentados e potenciais reagentes antibacterianos. A síntese e as características estruturais de uma nova base de Schiff macrocíclica derivada de 1,6-bis(2-formilfenil) hexano e 2,6-diaminopiridina e os seus complexos metálicos foram descritos por Ilhan et al [71].

Khrustalev et al [73] estudaram a síntese de 2-amino-4-feniltiazol sob condições de irradiação por micro-ondas. Sugerem também o procedimento para a preparação de 2-

amino-4-feniltiazol a partir de acetofenona, iodo e tioureia e sugerem a
estrutura.

Naik et al [74] apresentaram uma nova abordagem para a síntese rápida e eficiente de
bases de Schiff heterocíclicas e azetidinonas sob irradiação de micro-ondas. Kumar et
al [75] centraram-se na aplicação de complexos metálicos de bases de Schiff - Uma
revisão. Ameerunisha Begum et al [76] isolaram a síntese, a estrutura cristalina e a
atividade protease de complexos de ferro(III) de base de Schiff de aminoácidos.
Khrustalev et al [77] descreveram a modificação do 2-amino-4-feniltiazol sob
irradiação de micro-ondas. Rao et al [78] relataram novas bases de Schiff de análogos
de 4-hidroxi-6-carboxidrazino benzofurano: síntese e estudo farmacológico. Sonwane
et al [79] estudaram a síntese e a atividade antimicrobiana de 2-(2'- arilideno-
hidrazino-acetilamino)-4-fenil-1,3-tiazoles e 2-[2'-{4"-substituído aril-3"-cloro-2"-
oxo-acetidina}-acetil amino]-4-fenil-1,3-tiazoles. A estrutura cristalina de raios X de
novos complexos de Cu(II) e Ni(II) de base de Schiff de isatina foi estudada por Ayse
Ercag et al [80]. A síntese e a avaliação microbiológica de derivados de 2-acetanilido-
4-ariltiazol e a síntese de 2-amino-4-aril tiazóis foram efectuadas por Pattan et al [81],
que também sugerem a estrutura e o procedimento para a preparação de tiazóis.

Narayana et al [82] publicaram estudos antibacterianos e antifúngicos sobre alguns
novos derivados de tiazóis acetilcinolinas e cinolinil. Ácido desidroacético e seus
derivados em síntese orgânica: síntese de alguns novos tiazóis 2-substituídos-4-(5-
bromo-4-hidroxi-6-metil-2H-piran-2-ona-3-il) caracterizados por Rich Prakash et al
[83]. Sutariya et al [84] estudaram a síntese e a atividade antimicrobiana de alguns
novos aminotiazóis 2-substituídos. A síntese e os padrões de fragmentação do espetro
de massa de alguns derivados de tiazóis e imidazolidinas foram efectuados por
Mohamed et al [85]. Karabasanagouda et al [86] concentraram-se na síntese de alguns
novos 2-(4-alquiltiofenoxi)-4-substituídos-1,3-tiazóis como possíveis agentes anti-
inflamatórios e antimicrobianos. A síntese e avaliação de alguns novos derivados de
feniltiazol substituídos e a sua atividade antituberculosa foram relatadas por Pattan et
al [87]. Maurya et al [88] publicaram uma série de trabalhos sobre a síntese,
caraterização e modelação e análise molecular 3-D de alguns complexos binucleares
de O-V2bzH2 com cobre(II), níquel(II), cobalto(II), manganês(II), zinco(II),
samário(III) e dioxourânio(VI). Síntese, caraterização e propriedades de complexos
mono, di e polinucleares de pseudohaletos de níquel(II) contendo bases de Schiff
bidentadas. A estrutura de raios X de [Ni(N^i,N^p)₂(NCS)₂] [N^i,N^p =N-((piridin-2- yl)

benzilideno) benzilamina foi efectuada por Jaya Banerjee et al [89]. Aghera et al [90] estudaram o efeito dos substituintes no comportamento térmico de algumas bases de Schiff duplas simétricas contendo um grupo cardo. A síntese, as estruturas cristalinas e as actividades antibacterianas de dois complexos de cobre(II) com ponte azido terminal e bases de Schiff foram relatadas por Rui-Hua Hui et al [91]. A investigação de Sondhi et al [92] centrou-se na síntese de novas bases de Schiff bis biologicamente activas, hidrazona bis e derivados de guanidina bis. Síntese, caraterização e modelação molecular 3-D de alguns complexos ternários de Cu(II), Ni(II), Co(II), Zn(II), Sm(III), Th(IV) e UO_2(VI) com bases de Schiff derivadas do fármaco sulfa sulfabenzamida e 1,10-fenantrolina relatadas por Maurya [93]. Sandhya Bawa et al [94] estudaram a síntese de bases de Schiff de 8-metil tetrazolo[1,5- a]quinolina como potenciais agentes anti-inflamatórios e antimicrobianos. Os complexos metálicos biologicamente activos com fenotiazinas são ligandos relacionados e foram revistos por Ramappa [95].

Pesquisa bibliográfica

A investigação de Sandhya Rani et al [96] centrou-se na síntese e nos estudos estruturais de complexos de metais de transição da primeira fila de um novo ligando heterocíclico bi-ambidentado. A síntese e a caraterização de complexos de crómio(II), manganês(II), ferro(II), cobalto(II), níquel(II), cobre(II), zinco(II), cádmio(II) e mercúrio(II) de N,N'-difenil-hidrazona e dos seus derivados trifenilfosfínicos foram relatadas por Mohammad Shakir et al [97]. Yaul et al [98] estudaram a síntese e caraterização de complexos de metais de transição com ligandos de base de Schiff de hidrazona N, O-quelante. Estudos físico-químicos de alguns complexos de metais de transição 3d-bivalentes de glutatião (reduzido) foram estudados por Srivastva et al [99]. A síntese e a caraterização de complexos de Cr(III), Mn(II), Fe(III), Co(II) e Cu(II) do ácido 4-piridil-tio-acético e do ácido 2-piridil-tio-acético foram relatadas por Kamruddin et al [100]. De acordo com Patel et al [101] síntese, caraterização e actividades antimicrobianas de quelatos metálicos derivados da oximinoacetoacet-o/p-toluidida tiossemi-carbazona. Estudos sobre compostos de coordenação de urazina de manganês(II), cobalto(II), níquel(II), cobre(II), zinco(II) e cádmio(II) foram relatados por Mishra et al [102]. Bhaskare et al [103] publicaram uma série de complexos de cobalto(II), níquel(II) e cobre(II) de bases de Schiff com sítios dadores de N ou S. A síntese de 5,7,12,14- tetrametil-1,4,8,11-tetraazaciclo-tetradeca-4,7,11,14-tetraeno e dos seus complexos metálicos com iões metálicos de crómio(II), níquel(II), cobalto(II) e ferro(II) foi realizada por Singh et al [104]. Srinivasan et al [105] relataram a síntese e estudos sobre poliuretanos de cobre(II) e chumbo(II). A síntese e os estudos estruturais de complexos de oxovanádio(IV), manganês(II), ferro(II), cobalto(II), níquel(II) e cobre(II) de N-(4-metil-8-acetoumbelliferonylidene-N-(isonicotinoil) hidrazina foram estudados por Venkateswar Rao et al [106]. Minu e Bhowon [107] descreveram a síntese, a atividade catalítica e biológica de complexos de ruténio(II). 2-Resina de hidroxiacetofenona-oxima-tioureia-trioxano como ligando polimérico [108]. Parihari et al [109] debruçaram-se sobre os complexos da base de Schiff 2-aminothio-phenolsalicylidine e alguns ligandos neutros com manganês-, cobalto- e zinco(II). A síntese de complexos de ligandos mistos de níquel(II), cobre(II) e zinco(II) com 5-bromosalicilaldeído e P-dicetonas foi efectuada por Prasad et al [110]. Jejurkar et al [111] relataram a síntese e caraterização de complexos de base de Schiff de cobre(II), níquel(II), vanádio(IV) e urânio(VI). A síntese e a caraterização de complexos de cobre(II), níquel(II), cobalto(II), zinco(II), cádmio(II) e oxovanádio(IV) de 2-(3-cumarinil) imidazo [1,2-a] piridina foram relatadas por Gudasi et al [112]. A síntese e a caraterização de quelatos de cobalto(II), níquel(II) e cobre(II) de 3-(2-hidroxi-5-clorobenzilidenoamino)-5-metil-isoxazole e 3-(2-hidroxi-5-bromo-benzilidenoamino)-5-metilisoxazole foram apresentadas por Biroopakshappa [113].

A investigação de Mishra et al [114] publicou uma série de artigos sobre a síntese e a atividade antibacteriana de complexos de níquel(II), zinco(II) e cobre(II) com 2-(tiometil-2'-benzimidazolil)- 1,3-diazaciclopentodec-A'-eno. Complexos de cobalto(II), níquel(II) e cobre(II) com 1-piridilimino-1-fenil-2-hidroxiliminopropano, registados por Rai et al [115]. Akbar Ali et al [116] estudaram os quelatos metálicos do ácido ditiocarbazico e seus derivados. Complexos da base de Schiff tridentada a-N-metil-s-metil-P-N-(2-piridil)-metilenditiocarbozato com alguns iões metálicos 3d. Síntese e caraterização de alguns aductos imidazólicos substituídos de Bis [(p-clorofenil) ditiofosfinato] níquel(II) [117]. A síntese e caraterização de complexos de cobre(I) e cobre(II) com 1,5-bis (benzimidazole-2-yl)-3-thiapentane [118]. Santra et al [119] estudaram complexos de cobre(I) e prata(I) com arilazoimidazóis. Mukhopadhyay et al [120] concentraram-se no primeiro relatório de complexos de manganês(IV) e manganês(III) com ácidos hidroâmicos e na síntese, caraterização e eletroquímica de manganato de benzo e antranilo-hidroximato (IV e III). O comportamento doador de algumas N-tio-hidrazonas de morfolina com alguns iões metálicos bivalentes foi relatado por Dwivedi et al [121]. Sharma et al [122] examinaram os estudos físico-químicos de alguns biocomplexos antipirina. A síntese, a caraterização e a fungitoxicidade dos complexos de manganês(II), ferro(II), cobalto(II), níquel(II), cobre(II) e zinco(II) de N-fenil-5-fenil-1,3,4-oxadiazol-2-sulfonamida e 5-fenil-1,3,4-oxadiazol-2-sulfonamida foram relatadas por Singh et al [123]. Singh et al [124] estudaram a condutividade da fase sólida do cristal comercial de Plantation White Sugar (PWS). O artigo publicado sobre a condutividade eléctrica dc do açúcar e dos pellets comprimidos em que o Fe2O3 é introduzido no açúcar como impureza foi medido em função da temperatura, utilizando uma célula de condutividade de ebonite com a configuração: Cu/Pellet/Cu a condutividade específica de magnitude para as amostras feitas de açúcar e Fe2O3 (60, 80 e 100 ppm) a 323, 338 e 350 K, respetivamente. O mecanismo de condução protónica sugerido na PWS é atribuído à rede de ligações de hidrogénio. Patel et al [125] estudaram o polímero 2,4-dihidroxi-benzaldeído-oime-ureia-formaldeído como ligando polimérico. Patel et al [126] estudaram a preparação e caraterização de alguns complexos de lantanídeos envolvendo uma P-diketona heterocíclica. A investigação de Amer et al [127] centrou-se na síntese e nas propriedades dos quelatos binucleares de vanádio(III) e oxovnádio(IV) com bases de Schiff tetradentadas. O artigo publicado sobre os complexos de vanádio(III) e oxovanádio(IV) com bases de Schiff derivadas de algumas diaminas alifáticas e 2-hidroxi-1-naftaldeído foi preparado e caracterizado por análise elementar, IR, espectros electrónicos e EPR. Os complexos binucleares V^{III} têm o núcleo [V2Cu-oxo) (U-aquo)] em ambientes octaédricos distorcidos. Os complexos VO^{IV} formam complexos monoméricos, diméricos ou poliméricos por ligação de ligandos. As estruturas dependem do comprimento da cadeia de carbono que liga os grupos imina. Observa-se um sinal EPR complexo para o [VO(nafbu)]$_2$ em solução de clorofórmio à temperatura ambiente, o seu espetro isotrópico apresenta um sinal hiperfino de 15 linhas a $_{gav}$ = 2,014 e a constante de acoplamento hiperfino é de 50 G, sugerindo que os centros estão fracamente acoplados. Foram também estudadas as reacções dos complexos binucleares V^{III} com o dioxigénio e dos complexos VO^{IV} com o cloreto de tionilo. A síntese e caraterização de alguns complexos de ligandos mistos de crómio(III) foram estudadas por Dey et al [128]. Islam et al [129] sintetizaram a oxidação catalítica e a atividade antimicrobiana do complexo de base de Schiff de Cu(II). Quelatos metálicos de bisciclohexanodiona-naftaleno-dihidrazona [130]. Suma et al [131] concentraram-se na síntese e caraterização de complexos de crómio(III), manganês(III), ferro(III), cobalto(II), níquel(II), cobre(II), zinco(II), cádmio(II) e mercúrio(II) de monofenilbutazona.

De acordo com Mishra et al [132], os policelatos de iões zinco(II), titânio(III), oxovanádio(IV) e dioxourânio(VI) com bases poliméricas de Schiff de derivados de tiazol, o artigo sugeria uma regenerabilidade fácil, maior estabilidade e flexibilidade operacional dos polímeros de coordenação, o que criou um interesse considerável na investigação nos últimos anos, embora existam poucos pormenores sobre os policelatos de ligandos suportados em poliestireno. Mas praticamente nada foi feito sobre os polímeros de bases de Schiff de tiazóis. Esta comunicação descreve a síntese e a caraterização de alguns ligandos poliméricos derivados de tiazóis e os seus policelatos com iões Zn^{II}, Ti^{III}, VO^{IV} e $UO2^{VI}$. A síntese, os estudos estruturais e as actividades antimicrobianas de alguns complexos metálicos derivados do 7-(a-fenil-a-o/m-cloroanilinometil)-8-quinolinol foram realizados por Patel et al [133] juntamente com complexos sólidos de 7-(a-fenil-a-o/m-cloroanilmo-metil)-8-qumolmol

(POCAMQ/PMCAMQ) com Cu, Ni, Co, Zn, Mn, Hg, Cd e $UO2^{VI}$ foram preparadas e caracterizadas. Também foram testadas as suas actividades antimicrobianas, tal como referido na literatura. Kumar et al [134] sintetizaram e caracterizaram complexos de ferro(II), cobalto(II), níquel(II), cobre(II), ruténio(II,III), ródio(III) e paládio(II) com N-(2-carboxifenil)-benzamidas. Estudos físico-químicos e antimicrobianos de alguns complexos metálicos foram comunicados por El-Manakhly et al [135]. Saidul Islam [136] estudou os complexos de ligandos mistos de oxovanádio(IV) e titânio(III) com ácido dibásico orgânico e aminas heterocíclicas. A síntese, caraterização e estudos espectrais de complexos de nitratos de lantanídeos(III) de 10-[1-metil-3-piperidil) metil] fenotiazina foram relatados por Keshavan et al [137]. Bansal et al [138] estudaram a síntese, o isolamento e a caraterização de complexos de chumbo divalentes de tetraazamacrociclos. A síntese e caraterização de complexos de cobalto de salicilaldeído-4-metoxibenzoil hidrazona (H2 Smbhon) foram apresentadas por Dey et al [139]. Complexos metálicos diméricos de diacetilmonoxima isonicotinoil hidrazona [140]. A investigação de Rajib Lal De et al [141] sintetizou e estruturou o aduto de cloridrato de cobalto(II) trans-diclorobis (etilenodiamina), [Co(en)2Cl2].HCl. Os sais heterobimetálicos complexos derivados do ião 1-etoxicarbonil-1-cianoetileno-2,2-ditiolatodioxouranato(VI): preparação e propriedades foram estudados por Singh et al [142]. Rajib Lal De et al [143] descreveram a síntese e os estudos estruturais dos complexos bis-N-(2-hidroxietil)-x-salicilaldiminato de cobalto(III) e cobre(II). Estudos espectroscópicos sobre a isomerização da dihidrazona polifuncional coordenada na passagem de complexos monometálicos a bimetálicos: complexos de zinco(II), cobre(II) e dioxourânio(VI) de bis(2-hidroxi-1-naftaldeído) oxaloil-dihidrazona estudados por Lal et al [144]. Sandhya Rani et al [145] relataram a síntese e caraterização de complexos de oxovanádio(IV), crómio(III), manganês(II), ferro(II), cobalto(II), níquel(II), cobre(II) e zinco(II) de um novo dador de azoto ambidentado neutro. Os complexos de base de Schiff de cobalto(II), níquel(II), cobre(II) e zinco(II) com 2-piridinocarboxaldeído e um aminoácido potencialmente tridentado foram efectuados por Nair et al [146]. A investigação de Kumar et al [147] centrou-se na síntese e caraterização de complexos de cobalto(II), níquel(II), cobre(II) e zinco(II) com bases de Schiff derivadas de cinamaldeído e 4-amino-3-etil-5-mercapto-s-triazol e 4-amino-5-mercapto-3-n-propil-s-triazol. Foram preparados os complexos de Co(II), Ni(II), Cu(II) e Zn(II) com a base de Schiff derivada da condensação de cinamaldeído e 4-amino-3-etil-5-mercapto-s-triazol e 4-amino-5-mercapto-3-n-propil-s-triazol. Estes complexos foram caracterizados com base em análises elementares e IR, NMR, dados espectrais electrónicos, estudos magnéticos e térmicos. A síntese de modelos e a especiação espetral de complexos macrocíclicos de níquel(II) derivados de 4-metil-2,6-di(formil/benzoil) fenol e diamina foram estudadas por Gupta et al [148]. Maurya et al [149] descreveram a síntese e os estudos magnéticos e espectrais de complexos de picrato de Co(II) com dadores heterocíclicos de azoto. A troca da parte amina das bases de Schiff com amoníaco na presença de um ião metálico: a estrutura molecular do bis-(salicilaldiminato) níquel(II) foi investigada por Rajib Lal De et al [150]. Dey et al [151] estudaram a síntese e a caraterização dos complexos de dioxomolibdénio(VI) e oxomolibdénio(V) da salicilaldeído morfolina N-tio-hidrazona (H2 smth) e da 2-hidroxiacetofenona morfolina N-tio-hidrazona (H2 apmth). A síntese e o estudo estrutural de complexos de metais de transição da primeira fila de um novo ligando heterocíclico bi-ambidentado foram relatados por Sandhya Rani et al [152]. Bindu et al [153] sintetizaram e efectuaram estudos espectrais de complexos de ferro(III) e cobalto(II) de N(4)-feniltiossemicarbazona com bases heterocíclicas. A síntese e os estudos estruturais de complexos de cobalto de ligandos tridentados que incorporam funções azo, oxima e carboxilato foram relatados por Ganguly et al [154]. Complexos moleculares de paraquato com fenolatos [155]. Kumar et al [156] estudaram os complexos de arilcarboxilatos de cobalto(II) com 3 e 4-cianopiridinas. A síntese, a caraterização e a atividade antimicrobiana de vários complexos de base de Schiff de iões Zn(II) e Cu(II) foram estudadas por Venkatesh [157].

A investigação de Singh et al [158] centrou-se em alguns complexos de lantanídeos de bases de Schiff acíclicas, assimétricas e simétricas. A síntese e a caraterização de complexos macrocíclicos de níquel(II), cobalto(II) e cobre(II) contendo um ligando macrocíclico tetradentato-N6 foram relatadas por Singh et al [159]. Mahapatra et al [160] estudaram complexos polimetálicos - parte - LXV, complexos de ácido 1- (3',5'-dinitro-2'-hidroxifanelazo)-2-naftol-4-sulfónico de cobalto, níquel, cobre, zinco, cádmio e mercúrio(II). A síntese e a caraterização de polímeros de coordenação de bis-(mercaptoacetamido)-butanodiona dihidrazona foram relatadas por Wasu et al [161]. Singh et al [162] publicaram alguns complexos de zircónio(IV) com seis coordenações de hidrazonas de hidrazida de ácido isonicotínico. A síntese e o estudo espetral de complexos de Cu(II) de bases de Schiff substituídas foram apresentados por Mehata et al [163]. A síntese, caraterização e actividades antimicrobianas de complexos binários e ternários de UO_2^{II} e Th^{IV} com 5- hidroximetil-8-quinolinol e 8-formil-7-hidroxi-4-metil-2H-1-benzopiran-2-um com anilina foram estudadas por Patel et al [164]. Nassaan [165] concentrou-se na síntese e caraterização de complexos de níquel(II), crómio(III), cobalto(II), cobre(II), zinco(II) e cádmio(II) com isatinisocotinoil-hidrazina. A síntese e a caraterização de complexos de cobalto(II) e níquel(II) de isoxazóis substituídos foram efectuadas por Nayak et al [166]. Panda et al [167] publicaram Complexos macrocíclicos: parte-1 - síntese e caraterização de cobalto(II), níquel(II) e cobre(II) com 2,3,9,10-tetraoxi-6,13-ditia-1,4,5,7,8,11,12,14-octaazciclotetradecano com base em dados magnéticos e espectrais foram sugeridas estruturas octaédricas para estes complexos.

(III)

Em que M = Cu^{II}, Ni^{II} e Co^{II}

A síntese e caraterização de complexos de dioxotungsténio(VI) e dioxomolibdénio(VI) de N-isonicotinamido-o-hidroxi-acetofenoneimina através dos seus complexos oxoperoxo foram relatadas por Maurya et al [168]. Thomas et al [169] descreveram a síntese, caraterização e propriedades térmicas de complexos de dioxourânio(VI)
complexos de bases de Schiff de salicilaldeído. Agarwal et al [170] estudaram a síntese e os estudos magnéticos e espectrais de complexos de cloreto de lantanídeo(III) de hidrazonas de hidrazida de ácido isonicotínico. Adlaudeen et al [171] relataram a

síntese e caraterização de complexos de ferro(III) de N-(2-tienilideno)-N'-isonicotinoil-hidrazina, N-(2-furilideno)-N'-saliciloil-hidrazina e N-(2- tienilideno)-N'-saliciloil-hidrazina. Estudos físico-químicos de complexos de base de Schiff tetradentados simétricos de crómio(II), cobalto(II), níquel(II), cobre(II), zinco(II), oxovanádio(IV) e dioxourânio(VI) derivados de 4-acilpirazolona e 1,4-diamina foram estudados por Thaker et al [172]. Panda et al [173] efectuaram a síntese e caraterização de complexos de cobre(II), níquel(II) e cobalto(II) com um novo derivado da base de Schiff da hidrazida do ácido isonicotínico. Interação de níquel, cobalto, zinco e chumbo (II) com benzotiazol-2-carboxi-hidrazida em solução e síntese dos respectivos complexos de cobre (II) [174]. Mishra [175] estudou a síntese e caraterização de alguns complexos de iões metálicos com8-acetil-7-hidroxi-4-metilcumarina-4-cloro/nitroanilina   .

A síntese, a estrutura e as propriedades dos complexos bimetálicos de manganês(II,III) e dioxourânio(VI) derivados da bis(2-hidroxi-1-naftaldeído) oxaloildihidrazona foram publicadas por Lal et al [176]. A síntese de resina quelante suportada em poliestireno contendo a base de Schiff derivada de salicilaldeído e trietileno tetramina e os seus complexos de cobre(II), níquel(II), cobalto(II), ferro(III), zinco(II), cádmio(II), molibdénio(VI), zircónio(IV) e urânio(VI) foi revista por Syamal e Singh [177]. El-Mankhly et al [178] estudaram as propriedades eléctricas e magnéticas de alguns complexos metálicos de antraquinona-o-carboxílico fenil-hidrazona. Estudos térmicos de mono-hidroxicalconas de cobre(II) foram relatados por Mundhe [179]. Patel et al [180] debruçaram-se sobre complexos de manganês(III) com bases de Schiff derivadas de P-dicetonas heterocíclicas e algumas diaminas. Estes trabalhos também sugeriram que os ligandos de bases de Schiff foram preparados pelo método de condensação geral e caracterizados por análises elementares, bem como por estudos de IR e[1] H-NMR. O ligando objeto do presente estudo pode existir na forma de

formas tautoméricas (I) e (II).

(I)

(II)

Os complexos de oxomolibdénio(V) e dioxomolibdénio(VI) das bases de Schiff derivadas da hidrazida do ácido isonicotínico foram referidos por Prabhakaran et al [181]. Puri et al [182] estudaram a isovanilina isonicotinoil-hidrazona e os seus complexos metálicos com metais de transição. Os complexos de metais de transição da 5[4'-(nitrofenil)azo] salicilaldeído-3-tiossemicarbazona foram elogiados por Monshi et al [183]. Balasubramanian et al [184] descreveram estudos térmicos sobre complexos de ferro(II) com ligandos de polipiridina e de ácido dicarboxílico. Os complexos de oxovanádio(IV) com ligandos macrocíclicos de 14 membros derivados da ditioxamida foram descritos por Sengupta et al [185] com base em dados magnéticos e electrónicos espectrais, foi sugerida uma geometria piramidal quadrada para os complexos de oxovanádio(IV).

(IV)

Os complexos de ligandos mistos de ferro, cobalto e níquel(II) com 2-amino-3-hidroxipiridina e alguns dadores de azoto foram revistos por Prakash et al [186]. Choudhary et al [187] estudaram os aspectos estruturais dos complexos de morfolina-N-tio-hidrazona com alguns metais bivalentes. A síntese e caraterização de complexos de manganês(II), cobalto(II), níquel(II) e cobre(II) de derivados de base de Schiff do ácido desidroacético foram estudadas por Mane et al [188]. Shashidhara et al [189] concentraram-se na síntese de complexos de urânio(IV) de bases de Schiff. A síntese e os estudos fungitóxicos de Mn(II), Co(II), Ni(II) e Cu(II) com alguns ligandos heterocíclicos de bases de Schiff, a determinação espectrométrica de chumbo(II) em amostras de água utilizando benzil *a*- monoxima isonicotinoil hidrazona foram efectuados por Ramesh et al [190]. Mostafa et al [191] publicaram uma série de artigos sobre a síntese e caraterização de complexos de cobre(II), níquel(II), cobalto(II), paládio(II), ródio(III) e dioxourânio(VI) com biacetilmonoxima fenoxiacetil hidrazona. A síntese e a caraterização dos complexos de ferro(II,III) da hidrazona do ácido 3-hidroxi-benzaldeído isonicotínico foram investigadas por Reddy et al [192]. A síntese e os estudos espectrais de complexos de ferro(III) e ferro(II) com quinozolina-4(3H)-onas 2,3-dissubstituídas foram estudados por Reddy et al [193]. Hankare et al [194] relataram a síntese e caraterização de complexos de cobalto(II), níquel(II), cobre(II), zinco(II), cádmio(II) e mercúrio(II) com 2-hidroxi-imino-3-(2'-imino-4-fenil-tiazolil)-butano e 2-hidroxi-imino-3-[2'-imino-4'-(p-tolulil-tiazolil)]- butano com base na condutância molar, dados magnéticos e espectrais, foi sugerida uma estrutura octaédrica (V) para estes complexos.

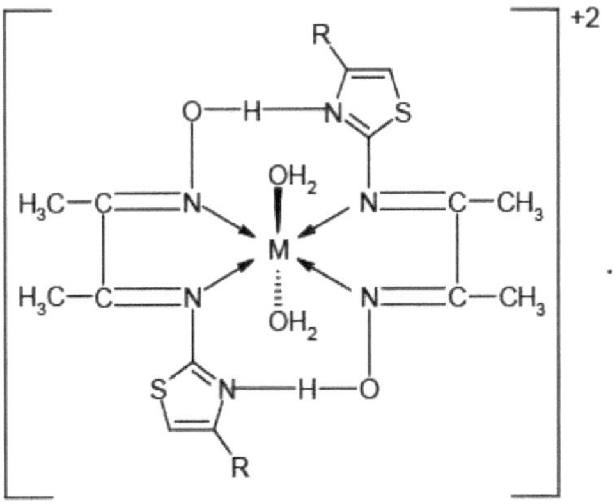

(V)

A síntese e a caraterização de alguns complexos de crómio(II) com tiohidrazonas doadoras de N,S,O foram estudadas por Dey et al [195]. Singh et al [196] publicaram uma série de artigos sobre a síntese, caraterização e atividade biológica dos complexos de manganês(II), ferro(II), cobalto(II), níquel(II), cobre(II), zinco(II) e cádmio(II) com N-benzoil-N'-2-furantiocarbohidrazida. Alguns complexos de ligandos mistos de cobalto(II) com bases de Schiff bidentadas foram descritos por Rajib Lal De et al

[197]. Maravalli et al [198] examinaram a síntese e caraterização de complexos de urânio(IV) com bases de Schiff 3-substituídas-4-amino-5-mercapto-1,2,4-triazole. A síntese, caraterização e estudos antitumorais in-vitro de alguns complexos metálicos 3d de N-salicilal-N'-tiobenz-hidrazida foram estudados por Singh et al [199]. A síntese, a estrutura e a reatividade de complexos de zircónio(IV), vanádio(IV), cobalto(II), níquel(II) e cobre(II) derivados de ligandos de base de Schiff de carbohidrazidas foram descritas por Warad et al [200].

De acordo com Patel et al [201], os complexos de manganês(III) com bases de Schiff hexadentadas derivadas de P-dicetonas heterocíclicas e trietileno tetramina. Estudos físico-químicos e antimicrobianos sobre complexos de bases de Schiff de níquel(II) e cobre(II) derivados de 2-furfuraldeído foram estudados por Mishra 23

[202]. Bhattacharya et al [203] concentraram-se em complexos de oxovanádio(IV) de ligandos mistos com ácido salicílico e ligandos N,N-bidentados. A síntese de complexos metálicos com formil e acetiltiossemicarbazida foi efectuada por Sireesha et al [204]. Kasim et al [205] estudaram a síntese, caraterização e atividade antimicrobiana de complexos metálicos de N-(1-piperidinobenzil) acetamida. Os complexos poliméricos de ligandos mistos de ferro, cobalto, níquel, paládio e platina(II) com 1,4- ditiopurazina foram descritos por Singh et al [206]. Mishra et al [207] estudaram os quelatos de cobalto, níquel, cobre, zinco e cádmio(II) com 4-amino- 3,5-dioxo-6-metil-2,3,4,5-tetrahidro-1,2,4-triazina. A microdeterminação do zircónio utilizando 6-cloro-3-hidroxi-2-(2'-furil)-4H-cromen-4-ona a partir de uma solução alcalina foi descrita por Nijhawan et al [208].

Agarwal [209] concentrou-se em estudos espectrais e térmicos de complexos sulfatados de dioxourânio(VI) de algumas bases de Schiff de 4-aminoantipirina. Complexos polimetálicos parte - XLVI complexos de cobalto, níquel, cobre, zinco, cádmio, mercúrio(II) com bases de Schiff quelantes duplamente bidentadas doadoras de OX-X-NO foram investigados por Mahapatra et al [210]. Mohanty et al [211] estudaram hidrazonas, semicarbazonas, tiossemicarbazonas e oximas como ligandos. Alguns complexos metálicos divalentes de benjoim fenil-hidrazona e tiossemicarbazona. Dass et al [212] relataram uma microdenterminação rápida e selectiva do molibdénio(VI) utilizando a 2',4'- dihidroxiacetofenona benzoil-hidrazona como novo reagente. Jayashree et al [213] descreveram a síntese e a investigação físico-química de complexos metálicos com hidrazona e isonicotinoil-hidrazona de acetoacetanilida. Síntese e caraterização estrutural de complexos metálicos biologicamente activos de N'-(N-morfolinoacetil)-N4-feniltio-semicarbazida e 2,3-metilenodiox-benzaldeído tiossemicarbazona com oxovanádio(IV), crómio(III), manganês(II), ferro(III), cobalto(II), níquel(II), cobre(II), cádmio(VI), tório(IV) e silício(IV) foram realizados por Dhumwad et al [214]. A investigação de Kumar et al [215] centrou-se na síntese e caraterização de complexos de metais de transição com 2-N-(furilideno) furfurilamina e 2-N-(metafenoxibenzilideno) furfurilamina. A síntese e a caraterização de complexos de níquel(II), cobre(II), cobalto(II) e cobalto(III) com N-tio-hidrazonas de morfolina formadas a partir de salicilaldeído e 2-

hidroxiacetofenona foram estudadas por Dey et al [216]. Rao et al [217] prepararam complexos de crómio(III), cobalto(II), níquel(II), cobre(II) e molibdénio(VI) com indano 1,3-diona-2-isonicotinoil-hidrazona. A coordenação de Cu(II) com o-hidroxiacetofenona-fenil-hidrazonas foi descrita por Kulkarni et al [218]. A investigação de Rao et al [219] centrou-se na síntese e estudos estruturais de complexos de oxovanádio(IV), manganês(II), ferro(II), cobalto(II), níquel(II) e cobre(II) de N-(4-metil-8-acetoumbelliferonylidene)-N-(isonicotinoil) hidrazina. Os complexos de dioxourânio(VI) da benzoil-hidrazina e da isonicotinoil-hidrazina foram estudados por Lal [220]. Aliyu e Mohaammed [221] sintetizaram e caracterizaram complexos de bases de Schiff de ferro(II) e níquel(II). A síntese e caraterização de complexos de cobre(II) e níquel(II) de bases de Schiff de acetilacetona com s-metils-benzilditiocarbazato e s,s'- dibenzilditiocarbazato foram estudadas por Akbar Ali et al [222]. Chowdhury et al [223] descreveram a síntese, a estrutura e o comportamento luminescente de complexos de cobre(II) cianato contendo bases de Schiff bidentadas N-doadoras. Ilhan et al [224] investigaram a síntese, a estrutura e a caraterização de uma nova base de Schiff macrocíclica derivada de 1,6-bis(2-formilfenil) hexano e 2,6-diaminopiridina e os seus complexos metálicos. Dubey et al [225] relataram a síntese e a caraterização físico-química de alguns complexos de base de Schiff de crómio (III). Jaya Banerjee et al [226] efectuaram a síntese, caraterização e propriedades de complexos pseudohalogenados mono, di e polinucleares de níquel(II) contendo bases de Schiff bidentadas.

A investigação de Chittilappilly et al [227] centrou-se na síntese, caraterização e propriedades biológicas de complexos de base de Schiff de ruténio(III) derivados de 3-hidroxiquinoxalina-2-carbozaldeído e salicilaldeído. A síntese, caraterização e propriedades de alguns complexos ternários de cobre(II) contendo bases de Schiff doadoras de NOS e ligandos bidentados doadores de NN foram apresentadas por Patel et al [228]. A síntese, a estrutura cristalina e a atividade proteásica de complexos de ferro(III) de base de Schiff de aminoácidos foram relatadas por Ameerunisha Begum et al [229]. Nair [230] sintetizou e caracterizou complexos de oxomolibdénio(V) e dioxomolibdénio(VI) com bases de Schiff derivadas da isonicotinoil-hidrazida. Ry-Hua Hui et al [231] estudaram a síntese, as estruturas cristalinas e as actividades antibacterianas de dois complexos de cobre(II) com ponte azida e bases de Schiff. A síntese, caraterização e atividade antimicrobiana de complexos de ligandos de bases de Schiff mistas de iões de metais de transição (II) foram relatadas por Mapari e Mangaonkar [232]. Johari et al [233] estudaram a atividade antibacteriana de complexos de bases de Schiff de M(II). A preparação de complexos de zinco(II) e cádmio(II) do ligando de base de Schiff tetradentado 2-((E)-(2-(2-piridin-2-il)-etiltio) etilimino) metil)-4-bromofenol foi descrita por Saghatforoush et al [234]. O estudo da interação da nova base de Schiff bis-bidentada com alguns iões metálicos e a sua aplicação no fabrico de um sensor de membrana potenciométrico de Sm(III) foram estudados por Ganjali et al [235]. Nair et al [236] estudaram a síntese e a atividade antimicrobiana de alguns complexos de bases de Schiff. A síntese, a caraterização espetral, os estudos térmicos e antimicrobianos de novos complexos metálicos binucleares contendo ligandos de base de Schiff tetradentados foram relatados por Jayaseelan et al [237]. Mishra e Sharma [238] caracterizaram os estudos térmicos e de raios X de alguns complexos metálicos de base de Schiff. A síntese de N-3(4-(4-clorofeniltiazol-2-il)- (2-(amino) metil)-quinazolina-(3H)-ona e seus derivados para a atividade antituberculosa foi relatada por Pattan et al [239]. Aref et al [240] relataram a estabilidade térmica e estudos cinéticos de complexos de Cobalto(II), Níquel(II), Cobre(II), Cádmio(II) e Mercúrio(II) derivados de bases de N-salicilideno Schiff. A síntese, espetroscopia e estudos biológicos de complexos de níquel(II) com bases de Schiff tetradentadas com grupo dador N2O2 foram estudados por Prakash et al [241]. Agnihotri e Arrora [242] efectuaram estudos físico-químicos de complexos de Th(IV) e UO_2(VI) com novas bases de Schiff. Deshmukh et al [243] estudaram a síntese, caraterização e estudos termogravimétricos de alguns complexos metálicos com o ligando de base de Schiff N2O2. A síntese, caraterização e atividade biológica de complexos de Cu(II), Co(II), Mn(II), Fe(II) e UO_2(VI) com uma nova hidrazona de base de Schiff foram estudadas por Al-Shaalan [244].

Trabalho atual

O estudo da literatura coloca a tónica em -

1) Os estudos térmicos da etilenodiamina e dos seus complexos.

2) As propriedades ambipróticas e flexidentadas de ligandos de bases de Schiff em relação a complexos metálicos d e f.

Além disso, poucos relatórios sobre complexos de bases de Schiff de tiazóis e de bases de Schiff de etilenodiamina de iões metálicos tri-, tetra- e hexa-valentes, criaram naturalmente o nosso interesse em planear o trabalho de conceção de novas bases de Schiff de tiazóis derivadas de etilenodiamina com acetofenonas substituídas e em sintetizar os seus complexos metálicos. Foi dada ênfase à elucidação das características estruturais destes complexos com o auxílio de análise elementar, condutância molar, estudos espectrais e magnéticos. O presente trabalho também trata do estudo da atividade antimicrobiana dos complexos sintetizados.

No presente trabalho, foram sintetizados os seguintes ligandos de base de Schiff: 1) 2-Hidroxi-5-cloro-4-metilacetofenona-N,N'-etilenodiamina

2) 2-Hidroxi-5-bromo-4-metilacetofenona-N,N'-etilenodiamina

Estes ligandos foram caracterizados por IR,[1] H-NMR, análise elementar e pontos de fusão. Foram sintetizados os complexos de Co(II), Ni(II), Cu(II), Cr(III), Mn(III), Fe(III), VO(IV), Zr(IV) e UO_2(VI) com os ligandos de base de Schiff. As condições de preparação dos complexos foram estabelecidas por diferentes métodos de tentativa e erro, tais como o meio de reação, a temperatura, o tempo de refluxo e a razão estequiométrica dos reagentes. Os métodos físico-químicos utilizados são apresentados a seguir. A composição dos complexos foi determinada por análise elementar, que inclui a estimativa dos elementos presentes nos compostos sintetizados, o que permite determinar a estequiometria metal-ligante. A espetroscopia de infravermelhos foi utilizada para identificar a capacidade de coordenação dos diferentes grupos funcionais do ligando com o metal e a natureza das ligações. Para fornecer informações sobre a estereoquímica, os estados de oxidação do ião metálico central e a natureza da ligação metal-ligando, foram efectuados estudos de espectros de absorção eletrónica, que são complementados por dados do momento magnético.

No presente estudo, procurou-se reduzir a ambiguidade da informação em técnicas individuais, utilizando os diferentes métodos físico-químicos acima referidos para chegar a uma conclusão. Apesar disso, não se pretende afirmar que as conclusões relativas à estereoquímica e à estrutura dos complexos sejam definitivas. São inevitavelmente provisórias.

Referências:

1. Schiff, H., Ann. Suppl., 3, 343 (1864); Ann., 131, 118 (1864); Ann. Suppl., 151, 186 (1869).
2. Naslen, H.S. e Waters, T.N., Coord. Chem. Rev., 17, 137 (1975).
3. Nidenzu, K.J., Organomet. Chem., 180, 75 (1980).
4. Hartman, J.S. e Miller, J.M., Adv. Inorg. Chem. Radiochem., 21,147 (1978).
5. Mohand, S.A., Levina, A. e Muzart, J., J. Chem. Res(S), 25, 2051 (1995).
6. Samy, C.R. e Radhey, S., Indian J. Chem., 35A, 1 (1996).
7. Shen, X., Yang, Q.L. e Xie, Y., Synth. React. Inorg. Met. Org. Chem., 26, 1135 (1996).
8. Taylor, T.W.J. e Callow, N.H., J. Chem. Soc., 257 (1939).
9. Fabriken, F. e Bayer, A.G., Brit. Abstr., 726, 187 (1956).
10. Sacconi, L.Z., Anorg. Allg. Chem., 275, 249 (1954).
11. Ray, H.L., Garg, B.AS. e Singh, R.P., Curr. Sci., 42(24), 852 (1973).
12. Ohtak, H., Bull. Chem. Soc. Jpn., 33, 202 (1960).
13. Rastogi, D.K., Sahni, S.K., Rana, V.B. e Dua, S.K., Indian J. Chem., 16A, 86 (1978).
14. Foye, V.O. e Suvall, R.N., J. Am. Pharma. Assoc. Sci. Edvet., 47, 285 (1958).
15. Bilwort, J.R., Coord. Chem. Rev., 21, 29 (1976) e referências aí citadas.
16. Alcock, J.P., Baker, H.J. e Diamutis, A.A., Aust. J. Chem., 25, 289 (1972).
17. Katyal, M. e Dutt, Y., Talanta, 22, 151 (1975).
18. Kumar, D., Syamal, A., e Singh, A.K., Indian J. Chem., 42A, 280 (2003).
19. Dutta, R.L. e Munkir, M.D., Indian J. Chem, 22A, 204 (1983).
20. Price, J.D., Batten, R.S., Moubaraki, B. e Murray, S.K., Indian J. Chem., 42A, 2256 (2003).
21. Kumar, D., Shyamal, A. e Gupta, P.K., J. Chem. Soc., 80, 3 (2003).
22. Choudhary, H., Bose, D., Ghosh, R., Raheman, S.K.H. e Ghosh, B., Indian J. Chem., 43A, 1239 (2004).
23. Banerjee, J., Bose, D., Raheman, S.K.H., Bailey, R.D., Zaworotko, M.J., e Ghosh, K.B., Indian J. Chem., 43A, 1119 (2004).
24. Dey, K., Bhaumik, B.B. e Sutradhar, S., Indian J. Chem., 43A, 773 (2004).
25. Maurya, R.C.,Pandey, A. e Sutradhar, D., Indian J. Chem., 43A, 763 (2004).
26. Sharma, H.K. e Kapoor, P.N., Indian J. Chem, 43A, 566 (2004).
27. Mishra, L., Bindu, K. e Battacharya, S., Indian J. Chem., 43A, 315 (2004).
28. Gupta, S., Panja, A., Shaikh, N., Goswami, S., Banerjee, P. e Ray, J.B., Indian J. Chem., 43A, 63 (2004).
29. Jhaumeer-Laulloo, B.S. e Bhowon, M.G., Indian J.Chem.,42A, 2536 (2003).
30. Richardson, D.R. e Bernhardt, P.V., J. Bio. Inorg. Chem., 4(3), 266 (1999).
31. Banerjea, D., J. Indian Chem. Soc., 77, 567 (2000).
32. Shirodkar, S.G., Mane, P.S. e Chondhekar, T.K., Indian J. Chem., 40A, 1114 (2001).
33. Maurya, R.C., Singh, H., Pandey, A. e Singh, T., Indian J. Chem., 40A, 1053

(2001).

34. Singh, N.K., Singh, D.K. e Singh, J., Indian J. Chem., 40A, 1064 (2001).

35. Reddy, K.H. e Rao, M.S., Indian J. Chem, 38A, 262 (1999).

36. Hueso-Ure, F., Illan-Cabezo, N.A., Moreno-Carretero, M.N. e Pe as-Chamorro, A.L., Ata. Chim. Slov., 47, 481 (2000).

37. Reddy, P.M., Kumar, K.A., Raju, K.M. e Murthy, N.M., Indian J. Chem., 39A, 1182 (2000).

38. Mandlik, P.R., More, M.B. e Aswar, A.S., Indian J. Chem., 42A, 1064 (2003).

39. Tocher, D.A., Michael, G., Drew, B., Chowdhury, S., e Datta, D., Indian J. Chem., 42A, 983 (2003).

40. Idrees, M. Siddique M., Agrawal, P.B., Doshi, A.G., Raut, A.W. e Narwade, M.L., Indian J. Chem., 42A, 526 (2003).

41. Chettiyar, K.S. e Sreekumar, K., Indian J. Chem, 42A, 499 (2003).

42. Aswale, S.R., Mandlik, P.R., Aswale, S.S. e Aswar, A.S., Indian J. Chem., 42A, 322 (2003).

43. Miao, R., Shouliang, L., Rudong, Y., Lan, Y. e Wenbing, Y., Indian J. Chem., 42A, 318 (2003).

44. El-Boraey, H.A., J. Thermal Analysis and Calorimetry, 81, 339 (2005).

45. Jena, A.K., Rath, N. e Sahoo, B., Indian J. Chem, 22A, 371 (1983).

46. Singh, V.P., Katiyar, A. e Singh, S., J. Biometals, 21, 491 (2008).

47. Zhou, H., Peng, Z.H., Pan, Z.Q., Sang, Y., Huang, Q.M. e Hu, X.L., Polyhedron (2007).

48. Gupta, S.K., Hitchcock, P.B., Kushwah, Y.S. e Argal, G.S., Inorganic Chimica Ata, 360, 2145 (2007).

49. Bagherzadeh, M., Latifi, R. e Tahsini, L., J. Molecular Catalysis, 260, 163 (2006).

50. Renehan, M.F., Schanz, H.J., McGarrigie, E.M., Dalton, C.T., Daly, A.M. e Gilheany, D.G., J. Molecular Catalysis, 231, 205 (2005).

51. Ray, M.S., Bhattacharya, R., Chaudhari, S., Righi, L., Bocelli, G., Mukhopadhyay, G. e Ghosh, A., Polyhedron, 22, 617 (2003).

52. Boghaei, D.M. e Mohebi, S., Tetrahedron, 58, 5357 (2002).

53. Rozwadowski, Z., Ambroziak, K., Dziembowka, T. e Kotfica, J. Molecular Structure, 643, 93 (2002).

54. Pietikainen, P. e Haikarainen, A., J. Molecular Catalysis, 180, 59 (2002).

55. Compbell, E.J. e Nguyen, S.T., Tetrahedron Letters, 42, 1221 (2001).

56. Raman, N., Pitchaikani Raja, Y. e Kulandaisamy, A., Indian Acad. Chem. Sci., 113, 183 (2001).

57. Viswanathamurthi, P., Karvembu, R., Tharaneeswaran, V. e Natarajan, K., J. Chem. Sci., 117, 235 (2005).

58. Sah, A.K., Tanase, T. e Mikariya, M., J. Inorganic Chem., 45, 2083 (2006).

59. Luo, F., Zheng, J.M. e Kurmoo, M., J. Inorganic Chem., 46, 8448 (2007).

60. Naik, B. e Desai, K.R., Indian J. Chem, 45B, 267 (2006).

61. Karaoglan, G.K., Avchtata, U. e Gul, A., Indian J. Chem., 46A, 1273 (2007).

62. Achary, G., Sachin, H.P., Naik, Y.A. e Vankatesh, T.V., Indian J. Chem., 14, 16 (2007).

63. Chowdhury, H., Ghosh, R., Sarkar, B.N., Banerjee, S.P. e Ghosh, B.K., Indian J. Chem., 46A, 1393 (2007).

64. Yuan, M., Zhao, F., Zhang, W., Wang, Z. e Gao, S., J. Inorg. Chem., 46, 11235 (2007).

65. Lalehzari, A., Desper, J. e Levy, C.J., Inorg. Chem., American Chem. Soc., 47, 1120 (2008).

66. Pong, Y., Cui, S., Li, B., Zhang, J., Wang, Y. e Zhang, H., Inorg. Chem., American Chem. Soc., 47, 10317 (2008).

67. Desai, M.N., Talati, J.D., Vyas, C.V. e Shah, N.K., Indian J. Chem. Tech., 15, 228 (2008).

68. Chittilappily, P.S. e Yusuff, K.K., Indian J. Chem, 47A, 848 (2008).

69. Aghera, V.K. e Parsania, P.H., J. Scientific and Indu. Research, 67, 1083 (2008).

70. Cai, L., Hu, P., du, X., Zhang, L. e Liu, Y., Indian J. Chem., 46B, 523 (2007).

71. Ilhan, S., Temel, H., Sunkur, M. e Tegin, I., Indian J. Chem., 47A, 560 (2008).

72. Sadigova, S.E., Magerramov, A.M. e Allakhverdiev, M.A., Russian J. Org. Chem., 44, 1821 (2008).

73. Khrustalev, D.P., Suleimenova, A.A. e Fazylov, S.D., Russian J. Applied Chem, 81, 900 (2008).

74. Naik, B. e Desai, K.R., Indian J. Chem, 45B, 267 (2006).

75. Kumar, S., Dhar, D.N. e Saxena, P.N., J. Sci. and Indu. Research, 68, 181 (2009).

76. Begum, S.A., Saha, S., Nethaji, M. e Chakravarty, A.R., Indian J. Chem., 48A, 473 (2009).

77. Khrustalev, D.P., Russian J. Chem., 79, 515 (2009).

78. Rao, G.K., Venugopala, K.N. e Pai, P.N., J. Pharma. and Toxicology, 2(5), 481 (2007).

79. Sonwane, S.K., Srivastava, S.D. e Srivastava, S.K., Indian J. Chem., 47B, 633 (2008).

80. Ercag, A., Yildirim, S.O., Akkurt, M., Ozgur, M.U. e Heinemann, F.W., Chinese Chem. Letters, 17(2), 243 (2006).

81. Pattan, S.R., Ali, M.S., Pattan, J.S., Purohit, S.S., Reddy, V.V.K. e Nataraj, B.R., Indian J. Chem., 45B, 1929 (2006).

82. Narayana, B., Raj, K.K., Ashalatha, B.V. e Kumari, N.S., Indian J. Chem., 45B, 1704 (2006).

83. Prakash, R., Kumar, A., Singh, S.P., Aggarwal, R. e Prakash, O., Indian J. Chem., 46B, 1713 (2007).

84. Sutaria, B., Raziya, S.K., Mohan, S. e Rao, S.V.S., Indian J. Chem., 46B, 884 (2007).

85. Mohamed, S.M., Unis, M. e El-Hady, N.A., Indian J. Chem., 45B, 1453 (2006).

86. Karabasanagouda, T., Adhikari, A.V., Dhanwad, R. e Parameshwarappa, G., Indian J. Chem., 47B, 144 (2008).

87. Pattan, S.R., Bukitagar, A.A., Pattan, J.S., Kapadnis, B.P. e Jadhav, S.G., Indian J. Chem., 48B, 1033 (2009).

88. Maurya, R.C., Chourasia, J. e Sharma, P., Indian J. Chem, 47, 517 (2008).

89. Banerjee, J., Ghosh, R., Rahaman, S.H., Dan, P.K. e Ghosh, B.K., Indian J. Chem., 47B, 9 (2008).

90. Aghera, V.K. e Parsania, P.H., J. Sci. and Indu. Research, 67, 1083 (2008).

91. Hui, R.H., Zhou, P. e You, Z.L., Indian J. Chem., 48A, 1102 (2009).

92. Sondhi, S.M., Dinodia, M., Jain, S. e Kumar, A., Indian J. Chem., 48B, 1128 (2009).

93. Maurya, R.C., Chourasia, J. e Sharma, P., Indian J. Chem., 46A, 1594 (2007).

94. Bawa, S. e Kumar, S., Indian J. Chem, 48B, 142 (2009).

95. Ramappa, P.G., J. Indian Chem. Soc., 76, 235 (1999).

96. Rani, D.S. e Raju, V.J., Indian J. Chem, 38A, 385 (1999).

97. Shakir, M., Varkey, S.P. e Kumar, D., Indian J. Chem., 33A, 426 (1994).

98. Yaul, S., Yaul, A.M., Pethe, G.B. e Aswar, A.S., Am. and Euras. J. Sci. Res., 4(4), 229 (2009).

99. Srivastava, H.P. e Srivastava, R.K., J. Indian Chem. Soc., 72, 435 (1995).

100. Kamruddin, S.K. e Roy, A., Indian J. Chem., 40A, 211 (2001).

101. Patel, P.S., Ray, R.M. e Patel, M.M., J. Indian Chem. Soc., 70, 99 (1993).

102. Mishra, L.K., Jha, Y., Sinha, B.K., Saxena, M.K. e Singh, R., J. Indian Chem. Soc., 76, 98 (1999).

103. Bhaskare, C.K. e Hankare, P.P., J. Indian Chem. Soc., 72, 585 (1995).

104. Singh, A.K., Chandra, S. e Baniwal, S., J. Indian Chem. Soc., 75, 84 (1998).

105. Shrinivasan, K., Thamizharasi, S., Gnanasundaram, P., Rao, K.V. e Balasubramanian, S., J. Indian Chem. Soc., 76, 10 (1999).

106. Venkateswarrao, P., Ramarao, N. e Ganorkar, M.C., Indian J. Chem., 27A, 73 (1988).

107. Bhowon, M.G., Indian J. Chem., 39A, 1207 (2000).

108. Pancholi, H.B. e Patel, M.M., J. Indian Chem. Soc., 75, 86 (1998).

109. Parihari, R.K., Patel, R.K. e Patel, R.N., J. Indian Chem. Soc., 76, 258 (1999).

110. Prasad, R.N., Agrawal, M. e George, R., J. Indian Chem. Soc., 80, 79 (2003).

111. Jejurkar, C.R. e Parikh, K., Asian J. Chem., 9, 624 (1997).

112. Gudasi, K.B. e Goudar, T.R., Indian J. Chem, 33A, 346 (1994).

113. Viroopakshappa, J. e Rao, D.V., J. Indian Chem. Soc., 73, 531 (1996).

114. Mishra, L. e Sinha, R., J. Indian Chem. Soc., 76, 500 (1999).

115. Rai, H.C., Kumar, H. e Kumar, A., Asian J. Chem., 9, 652 (1997).

116. Ali, M.A., Livingstone, S.E. e Phillips, D.J., J. Inorg. Chim. Ata, 5, 11 (1971).

117. Gogai, P.K. e Dutta, J.P., J. Indian Chem. Soc., 74, 137 (1997).

118. Nohria, L., Rajesh e Mathur, P., Indian J. Chem, 38A, 256 (1999).

119. Santra, P.K., Mishra, T.K. e Sinha, C., Indian J. Chem., 38A, 82 (1999).

120. Mukhopafhyay, R., Chatterjee, A.B. e Bhattacharyya, R., J. Polyhedron, 11, 1353 (1992).

121. Dwivedi, A.K., Ojha, V.S., Tiwari, H.N. e Mishra, L.K., J. Indian Chem. Soc., 72, 403 (1995).

122. Sharma, U.S.P., Choudhary, G.L. e Singh, B., J. Indian Chem. Soc., 72, 627 (1995).

123. Singh, S., Srivastava, V.K., Shukla, S.N., Srivastava, M.K. e Upadhyay, M.K., Indian J. Chem., 33A, 350 (1994).

124. Singh, K. e Prasad, M., J. Indian Chem. Soc., 76, 49 (1999).

125. Patel, M.M., Patel, G.C. e Pancholi, H.B., J. Indian Chem. Soc., 72, 533 (1995).

126. Patel, P.R., Thaker, B.T. e Zele, S., Indian J. Chem. Soc., 38A, 563 (1999).

127. Amer, S.A., Gaber, M. e Issa, R.M., J. Polyhedron, 7, 2635 (1988).

128. Dey, K., Bhowmick, R., Nag, S.K., Chakraborty, K. e Biswas, S., J. Indian Chem. Soc., 76, 427 (1999).

129. Islam, S.M., Ray, A.S., Mondal, P., Mubarak, M., Mondal, S., Hossain, D., Banerjee, S. e Santra, S.C., J. Mol. Catalysis, 336(1), 106 (2011).

130. Krishnankutty, K. e Rema, V.T., J. Indian Chem. Soc., 73, 669 (1996).

131. Suma, S., Sundarsanakumar, M.R., Nair, C.G.R. e Prabhakaran, C.P., Indian J. Chem., 33A, 1107 (1994).

132. Mishra, V. e Parmar, D.S., J. Indian Chem. Soc., 72, 811 (1995).

133. Patel, M.M., Patel, H.R. e Patel, K.C., J. Indian Chem. Soc., 74, 1 (1997).

134. Kumar, B.K., Ravinder, V., Swamy, G.B. e Swamy, S.J., Indian J. Chem., 33A, 136 (1994).

135. El-Monakhly, K.A., Bayoumi, H.A., Ezzeldin, M.M. e Hammad, H.A., J. Indian Chem. Soc., 76, 63 (1999).

136. Islam, M.S. e Alam, M.A., J. Indian Chem. Soc., 76, 255 (1999).

137. Keshavan, B. e Chandrashekara, P.G., J. Indian Chem. Soc., 76, 182 (1999).

138. Bansal, A. e Singh, R.V., Indian J. Chem, 38A, 1145 (1999).

139. Dey, K., Chakraborty, K., Bhattacharya, P.K., Bandyapadhyay, D., Nag, S.K. e Bjowmick, R., Indian J. Chem., 38A, 1139 (1999).

140. Jayaramudu, M. e Reddy, K.H., Indian J. Chem., 38A, 1173 (1999).

141. De, R.L., Bhar, S.K., Samanta, K., Banerjee, I., Maiti, K., Mikherjee, A.K. e Samanta, C., Indian J. Chem., 38A, 1063 (1999).

142. Singh, N. e Gupta, S., Indian J. Chem., 38A, 997 (1999).

143. De, R.L., Samanta, K., Samanta, C. e Mukherjee, A.K., Indian J. Chem., 38A, 1010 (1999).

144. Lal, R.A. e Kumar, A., Indian J. Chem., 38A, 839 (1999).

145. Rani, D.S., Ananthalakshmi, P.V. e Jayatyagaraju, V., Indian J. Chem., 38A, 843 (1999).

146. Nair, M.S., David, S.T. e Anbu, M., Indian J. Chem., 38A, 823 (1999).

147. Kumar, A., Singh, G., Handa, R.N. e Dubey, S.N., Indian J. Chem., 38A, 613 (1999).

148. Gupta, S.K., Jain, K. e Kushroah, Y.S., Indian J. Chem., 38A, 506 (1999).

149. Maurya, R.C. e Sharma, P., Indian J. Chem., 38A, 509 (1999).

150. De, R.L., Banerjee, I., Samanta, C. e Mukherjee, A.K., Indian J. Chem., 38A, 373 (1999).

151. Dey, K. e Chakraborty, K., Indian J. Chem., 38A, 381 (1999).

152. Rani, D.S., Raju, V.J. e Ananthalakshmi, P.V., Indian J. Chem, 38A, 385 (1999).

153. Bindu, P. e Prathapachandra, M.R., Indian J. Chem, 38A, 388 (1999).

154. Ganguly, S. e Karmakar, S., Indian J. Chem, 38A, 355 (1999).

155. Singh, T.C., Kumar, T.V. e Venkateshwarlu, G., Indian J. Chem., 38A, 331 (1999).

156. Kumar, N. e Bajju, G.D., Indian J. Chem, 38A, 291 (1999).

157. Venkatesh, P., Asian Pharm. Hea. Sci., 1(1), 8 (2011).

158. Singh, B. e Singh, T.B., Indian J. Chem., 38A, 355 (1999).

159. Singh, A.K., Chandra, S. e Singh, R.J., J. Indian Chem. Soc., 74, 5 (1997).

160. Mahapatra, B.B. e Mishra, S.P., J. Indian Chem. Soc., 74, 218 (1997).

161. Wasu, R.V., Bodade, A.B. e Aswar, A.S., Acad. Sci. India, 67A, 235 (1997).

162. Singh, L., Dhaka, N.P., Manglik, A.K. e Agarwal, R.K., J. Indian Council Chem, 12, 7 (1997).

163. Mehta, B.H. e Murthy, J.J., Asian J. Chem., 9, 722 (1997).

164. Patel, A.D., Sharma, S., Vora, J.J. e Joshi, J.D., J. Indian Chem. Soc., 74, 287 (1997).

165. Hassaan, M.A., Indian J. Chem., 36A, 241 (1997).

166. Nayak, P.V., Manohara, Y.N. e Mohan, S., Asian J. Chem., 9, 812 (1997).

167. Panda, A.K., Dash, D.C. e Mishra, P., Indian J. Chem., 36A, 712 (1997).

168. Maurya, M.R. e Gopinathan, C., Indian J. Chem., 35A, 701 (1996).

169. Thomas, R., Thomas, J. e Parameswaran, G., J. Indian Chem. Soc., 73, 529 (1996).

170. Agarwal, R.K., Agarwal, H. e Prasad, R., J. Indian Chem. Soc., 73, 605 (1996).

171. Alaudeen, M. e Prabhakaran, C.P., Indian J. Chem., 35A, 517 (1996).

172. Thaker, B.T., Patel, A., Lekhadia, J. e Thaker, P., Indian J. Chem., 35A, 483 (1996).

173. Pancholi, H.B. e Patel, M.M., J. Polym. Mater., 13, 261 (1996).

174. Reddy, G.S., Sireesha, B., Devi, C.S., Mahiuddin, R., Kumari, C.G. e Reddy, M.G.R, J. Indian Chem. Soc., 75, 290 (1998).

175. Mishra, A.P., J. Indian Chem. Soc., 75, 251 (1998).

176. Lal, R.A., Adhikari, S., Kumar, A. e Pal, M.L., J. Indian Chem. Soc., 75, 345 (1998).

177. Syamal, A. e Singh, M.M., Indian J. Chem., 37A, 350 (1998).

178. El-Monakhly, K.A., J. Indian Chem. Soc., 75, 315 (1998).

179. Mundhe, P.G., Deogaonkar, P.B. e Bhobe, R.A., J. Indian Chem. Soc., 75, 349 (1998).

180. Patel, I.A., Thaker, B.T. e Thaker, P.B., Indian J. Chem., 37A, 429 (1998).

181. Prabhakaran, C.P. e Nair, M.L.H., J. Indian Chem. Soc., 75, 7 (1998).

182. Puri, V. e Agarwal, B.V., J. Indian Chem. Soc., 75, 27 (1998).

183. Monshi, A.S., J. Indian Chem. Soc., 75, 158 (1998).

184. Balasubramanian, S., J. Indian Chem. Soc., 75, 156 (1998).

185. Sengupta, S.K., Pandey, O.P. e Pandey, G.K., Indian J. Chem., 37A, 644 (1998).

186. Prakash, G.R. e Sindhu, R.S., J. Indian Chem. Soc., 75, 89 (1998).

187. Choudhary, R.K., Yadav, S.N., Tiwari, H.N. e Mishra, L.K., J. Indian Chem. Soc., 75, 392 (1998).

188. Mane, P.S., Shirodkar, S.G., Arbad, B.R. e Chondhekar, T.K., Indian J. Chem., 40A, 648 (2001).

189. Shashidhara, G.M. e Goudar, T.R., J. Indian Chem. Soc., 78, 360 (2001).

190. Ramesh, M., Chandrasekhar, K.B. e Reddy, K.H., Indian J. Chem., 39A, 1337 (2000).

191. Mostafa, S.I., Rakha, T.H. e El-Agez, M.M., Indian J. Chem., 39A, 1301 (2000).

192. Reddy, P.M., Kumar, K.A., Raju, K.M. e Murthy, N.M., Indian J. Chem., 39A, 1182 (2000).

193. Reddy, K.L. e Upender, S., Indian J. Chem., 39A, 1202 (2000).

194. Hankare, P.P., Bhoite, P.H., Battase, P.S., Garadkar, K.M. e Jagtap, A.H., Indian J. Chem., 39A, 1145 (2000).

195. Dey, K. e Chakraborty, K., Indian J. Chem., 39A, 1140 (2000).

196. Singh, N.K. e Kushawaha, S.K., Indian J. Chem, 39A, 1070 (2000).

197. De, R.L. e Samanta, K., Indian J. Chem., 39A, 1098 (2000).

198. Maravalli, P.B., Gudasi, K.B. e Goudar, T.R., Indian J. Chem., 39A, 1087 (2000).

199. Singh, N.K., Srivastava, A. e Kayasthu, A.M., Indian J. Chem., 39A, 1074 (2000).

200. Warad, D.U., Satish, C.D., Kulkarni, V.H. e Bajgur, G.S., Indian J. Chem., 39A, 415 (2000).

201. Patel, I.A. e Thaker, B.T., Indian J. Chem, 38A, 427 (1999).

202. Mishra, A.P., J. Indian Chem. Soc., 76, 35 (1999).

203. Battacharya, S. e Ghosh, T.K., Indian J. Chem, 38A, 601 (1999).

204. Sireesha, B., Devi, C.S., Mohiuddin, R. e Reddy, M.G.R., J. Indian Chem. Soc., 76, 498 (1999).

205. Kasim, A.N., Venkappayya, D. e Prabhu, G.V., J. Indian Chem. Soc., 76, 67 (1999).

206. Singh, P.D., Kumari, G., Kumari, K., Choudhary, R.K. e Mishra, L.K., J. Indian Chem. Soc., 76, 312 (1999).

207. Mishra, L.K., Jha, Y., Sinha, B.K., Kant, R. e Singh, R., J. Indian Chem. Soc., 76, 65 (1999).

208. Nijharoan, M. e Kakkar, L.R., Indian J. Chem, 38A, 1085 (1999).

209. Agarwal, P.K., J. Indian Chem. Soc., 72, 263 (1995).

210. Mahapatra, B.B., Raval, M.K., Behera, A.K. e Das, A.K., J. Indian Chem. Soc., 72, 161 (1995).

211. Mohanty, L.M., Mishra, R.C. e Mohapatra, B.K., J. Indian Chem. Soc., 72, 311 (1995).

212. Dass, R. e Mehta, J.R., Indian J. Chem., 33A, 438 (1994).

213. Jayasree, S. e Arvindakshan, K.K., J. Indian Chem. Soc., 71, 97 (1994).

214. Dhumwad, S.D., Gudasi, K.B. e Goudar, T.R., Indian J. Chem., 33A, 320 (1994).

215. Kumar, V., Lalita e Dhakarey, R., J. Ind. Council Chem., 10, 43 (1994).

216. Dey, K. e Bandhypadhyay, D., Indian J. Chem., 31A, 34 (1992).

217. Rao, S. e Reddy, K.H., Indian J. Chem., 31A, 58 (1992).

218. Kulkarni, S.G., Jahagirdar, D.V. e Khanolkar, D.D., Indian J. Chem. 31A, 251 (1992).

219. Rao, P.V., Rao, N.R. e Ganorkar, M.C., Indian J. Chem., 27A, 73 (1988).

220. Lal, R.A., Indian J. Chem., 25A, 979 (1986).

221. Aliyu, H.N. e Mohammed, A.S., Bayero J. Pure and Appl. Sci., 2(1), 132 (2009).

222. Ali, M.A. Uddin, M. e Uddin, M.N., Indian J. Chem., 24A, 758 (1985).

223. Chowdhury, H., Ghosh, R., Sarkar, B.N., Banerjee, S.P. e Ghosh, B.K., Indian J. Chem., 46A, 1393 (2007).

224. Ilhan, S., Temel, H., Sunkur, M. e Tegin, I., Indian J. Chem., 47A, 560 (2008).

225. Dubey, R.K., Dubey, U.K. e Mishra, C.M., Indian J. Chem., 47A, 1208 (2008).

226. Banerjee, J., Ghosh, R., Rahaman, H., Dan, P.K. e Ghosh, B.K., Indian J. Chem., 47A, 9 (2008).

227. Chittilappilly, P.S. e Yusuff, K.K., Indian J. Chem, 47A, 848 (2008).

228. Patel, R.N., Gundia, V.L.N. e Yusuff, K.K., Indian J. Chem., 47A, 353 (2008).

229. Begum, S.A., Saha, S., Nethaji, M. e Chakravarty, A.R., Indian J. Chem., 48A, 473 (2009).

230. Nair, M.L.H. e Thankamani, D., Indian J. Chem., 48A, 1212 (2009).

231. Hui, R.H., Zhou, P. e You, Z., Indian J. Chem., 48A, 1102 (2009).

232. Mapari, A.K. e Mangaonkar, K.V., International J. ChemTech. Res., 3(1), 477 (2011).

233. Johari, R., Kumar, G., Kumar, D. e Singh, S., J. Ind. Council Chem, 26(1), 23 (2009).

234. Saghatforoush, L.A., Aminkhani, A., Ershad, S., Karimnezhad, G., Ghammamy, S. e Kabiri, R., J. Molecules, 13, 804 (2008).

235. Ganjali, M.R., Tavakoli, M., Faridbod, F., Ridhi, S., Norouzi, P. e Masoud, S., Int. J. Electrochem. Sci., 3, 1559 (2008).

236. Nair, R., Shah, A., Baluja, S. e Chanda, S., J. Serb. Chem. Soc., 71(7), 733 (2006).

237. Jayaseelan, P., Prasad, S., Vedanayaki, S. e Rajavel, R., Int. J. Chem. Env. Pharm. Res., 1(2), 80 (2010).

238.	Mishra, A.P. e Sharma, N., J. Ind. Council Chem, 26(2), 125 (2009).

239.	Pattan, S.R., Reddy, V.V.K., Manvi, F.V., Desai, B.G. e Bhat, A.R., Indian J. Chem., 45B, 1778 (2006).

240.	Aref, A.M.A., Osman, A.H., El-Mottaleb, M.A. e Gouda, G.A.H., J. Chil. Chem. Soc., 54(4), 349 (2009).

241.	Prakash, A., Gangwar, M.P. e Singh, K.K., J. Dev. Biol. Tissue Eng., 3(2), 13 (2011).

242.	Agnihotri, S. e Arora, K., E. J. Chem., 7(3), 1045 (2010).

243.	Deshmukh, P.S., Yaul, A.R., Bhojane, J.N. e Aswar, A.S., World J. Chem., 5(1), 57 (2010).

244.	Al-Shaalan, N.H., J. Molecules, 16, 8629 (2011).

Capítulo - 2

Métodos de síntese dos complexos metálicos

Este capítulo inclui a síntese de ligandos e seus complexos com técnicas experimentais para estudos térmicos de complexos metálicos.

Experimental

Todos os produtos químicos utilizados como materiais de partida para a síntese dos ligandos e dos seus complexos metálicos eram de grau AR ou solventes quimicamente puros, foram purificados e secos antes de serem utilizados pelo método da literatura [1]. Os ligandos utilizados no presente trabalho não estavam disponíveis comercialmente, pelo que foram sintetizados no nosso laboratório.

Foram utilizados os dois ligandos de base de Schiff seguintes: -

1) 2-Hidroxi-5-cloro-4-metilacetofenona-N,N'-etilenodiamina (HCMAE).

2) 2-Hidroxi-5-bromoacetofenona-N,N'-etilenodiamina (HBAE).

Estes ligandos recentemente sintetizados foram caracterizados por análise elementar, IR, ^{1}H- NMR e pontos de fusão.

I. Síntese dos ligandos :

Todos os ligandos foram sintetizados em duas etapas.

A primeira etapa envolveu a preparação de acetofenonas substituídas e a segunda etapa envolveu a condensação das acetofenonas com etileno diamina

Etapa - 1 : Preparação das acetofenonas

As acetofenonas foram preparadas por acetilação dos respectivos fenóis substituídos, seguida de migrações de Fries, como mencionado abaixo.

Preparação da 2-hidroxi-5-cloro-4-metilacetofenona (HCMA) :

A 2-hidroxi-5-cloro-4-metilacetofenona foi preparada em duas etapas.

i) Preparação do acetato de p-clorometacresilo :

Introduziu-se uma mistura de p-clorometacresol (25 g), anidrido acético (30 ml) e acetato de sódio fundido (2 g) num balão de 250 ml. Refluxou-se durante cerca de 1 h. A mistura foi arrefecida e lavada várias vezes com água. Por fim, a camada orgânica foi separada e destilada para obter o acetato puro. Rendimento 28 ml, P.B. 190-192°C.

ii) Migração de Fries do acetato de p-clorocresilo: Num balão de Kjeldahl, introduziu-se acetato de p-clorometacresilo (25 ml) e cloreto de alumínio anidro (60 g). Aqueceu-se num banho de óleo a 120°C durante cerca de 1 h. O conteúdo foi arrefecido e decomposto com ácido clorídrico diluído e gelo picado.

O produto assim obtido foi recristalizado a partir de etanol a 50%. Rendimento 55%, M.P. 62°C.

2-Hydroxy-5-chloro-4-methyl
acetophenone

Preparação da 2-hidroxi-5-bromoacetofenona (HBA) :

A 2-hidroxi-5-bromoacetofenona foi preparada em duas etapas.

i) Preparação do p-bromoacetato :

Introduziu-se num balão de 250 ml uma mistura de p-bromofenol (17,3 g), anidrido acético (30 ml), ácido acético glacial (15 ml) e acetato de sódio fundido (2 g). Refluxou-se durante cerca de 1 h. Em seguida, a mistura foi arrefecida e vertida em água. A camada de acetato foi separada e lavada várias vezes com água. O produto foi purificado por destilação. Rendimento 20,5 ml, P.B. 210°C.

p-Bromophenol   p-Bromophenyl acetate

ii) Migração de Fries do acetato de p-bromofenilo :

Num balão de Kjeldahl, introduziu-se acetato de p-bromofenilo (20 ml) e cloreto de alumínio anidro (48 g). Aqueceu-se num banho de óleo a 120-130°C durante cerca de 1 h. O conteúdo foi arrefecido e decomposto com ácido clorídrico diluído e gelo picado. O produto obtido foi recristalizado a partir de etanol a 50%. Rendimento 60%, M.P. 57°C.

2-Hydroxy-5-bromoacetophenone

Etapa - II : Condensação da acetofenona com etilenodiamina :

Adicionou-se uma solução etanólica quente de etilenodiamina (0,05 mol) a uma solução etanólica da respectiva acetofenona (0,05 mol). A mistura reacional foi refluxada em banho-maria durante 4-5 h. O produto colorido foi filtrado e recristalizado. Rendimento: 75%.

Acetophenone + Ethylene diamine

Reflux

Ligando	Ri	R_2	IL	Rendimento (%)	P.M. (°C)
HCMAE	H	CH3	Cl	80	275
HBAE	H	H	Br	70	270

Todos os ligandos HCMAE e HBAE são insolúveis em água, parcialmente solúveis em etanol, etc., mas completamente solúveis em dimetilsulfóxido (DMSO) e na mistura de etanol e dimetilformamida (DMF).

II. Caracterização dos ligandos :

Os ligandos sintetizados foram caracterizados por IR,[1] H-NMR, análise elementar e determinação do ponto de fusão estudados. A fórmula molecular, a fórmula/peso molecular e a análise elementar de todos os ligandos são apresentadas na Tabela 2.1. Os dados analíticos para todos os ligandos recentemente sintetizados são consistentes com a sua fórmula molecular proposta.

a) Espectros de infravermelhos dos ligandos :

Os espectros de IV dos ligandos foram registados para comparar as alterações nas frequências após a sua complexação com diferentes iões metálicos e identificar os seus locais dadores. Os espectros de IV dos ligandos são apresentados na Tabela 2.2. Todos os ligandos apresentaram as seguintes atribuições.

Tabela 2.2 Dados do espetro de infravermelhos (cm^{-1}) do ligando

Sr. Não.	Ligando	v(O-ll) (ligação de hidrogénio)	v(C=N) imina	v(C-O) Fenólicos	v(C-S)

| 1. | HCMAE | 2900 | 1610 | 1480 | |
| 2. | HBAE | 2900 | 1614 | 1480 | |

I) Uma banda de absorção forte a 2900 cm-1 é atribuída ao grupo fenólico ligado intramolecularmente por hidrogénio [6-11].

II) Uma banda larga a 1614-1610 cm^{-1} é atribuída à vibração de estiramento C=N (imina) [10-19].

III) Uma banda média a 1480 cm^{-1} é devida à vibração de estiramento C-O (fenólico) [8, 11, 20-24].

b) ^{1}Espectros H-NMR dos ligandos :

Os espectros de^1 H-NMR (DMSO + CDCl3) foram utilizados para identificar os diferentes tipos de protões e deduzir o número de protões presentes nos ligandos. O desvio químico registado (5 em ppm) e a observação da área sob a curva indicam a presença de grupos funcionais com protões nos ligandos.

^{1}Dados espectrais H-NMR dos ligandos :

Os 5 valores seguidos do número de protões, da natureza do pico e do grupo que contém os protões são dados para cada ligando. Os espectros^1 H-NMR de todos os ligandos são apresentados nas Fig. 2.1-2.2.

I)   HCMAE :

5 15,89 (1H, s, OH fenólico); 8,16 e 7,56 (2H, s, fenilo); 3,31 (4H, s, CH2-CH2); 2,51 (3H, s, metilo), 2,39 ppm (3H, s, Ar-metilo) [23,25-33].

II)   HBAE :

5 15,97 (1H, s, OH fenólico); 8,06 (1H, s, fenilo); 7,67 e 7,31 (2H, m, fenilo), 3,29 (4H, s, CH2-CH2); 2,51 ppm (3H, s, metilo) [23,25-33].

III. Síntese dos Complexos :

Os complexos são geralmente sintetizados pelo método direto [34-37] ou pelo método in situ [38-39]. Na presente síntese, todos os complexos foram preparados por método direto.

Os complexos foram preparados pela reação de sais metálicos com ligandos em meio etanólico por refluxo da massa reacional durante o tempo desejado em banho-maria. Os sais metálicos utilizados para a preparação dos complexos foram o acetato de cobalto(II) tetra-hidratado (Co(OAc)2.4H2O), o acetato de níquel(II) tetra-hidratado (Ni(OAc)2.4H2O), o sulfato de vanadilo penta-hidratado (VOSO4.5H2O), o cloreto de crómio hexa-hidratado (CrCl3.6H2O), acetato de cobre(II) hidratado (Cu(OAc)2.H2O), acetato de manganês di-hidratado (Mn(OAc)3.2H2O), cloreto férrico (FeCl3), oxicloreto de zirconilo octa-hidratado (ZrOCl2.8H2O) e acetato de uranilo di-hidratado (UO2(OAc)2.2H2O), respetivamente. Todos os sais metálicos estavam disponíveis comercialmente e foram utilizados como recebidos. Enquanto o acetato de manganês di-hidratado foi sintetizado pelo método de Christensen [40].

Todos os complexos metálicos foram sintetizados de forma semelhante à descrita abaixo.

i)   Síntese de complexos de Co(II) :

Quantidades equimolares (0,02 M) de acetato de cobalto e de ligandos foram dissolvidas separadamente em 25 ml de etanol. Estas soluções foram misturadas a quente e submetidas a refluxo durante 4-6 horas. O produto colorido foi filtrado, lavado com etanol e finalmente seco sobre cloreto de cálcio fundido.

ii) Síntese de complexos de Ni(II) :

Quantidades equimolares (0,02 M) de acetato de níquel e de ligandos foram dissolvidas separadamente em 25 ml de etanol. Estas soluções foram misturadas a quente e submetidas a refluxo durante 4-6 horas. O produto colorido foi filtrado, lavado com etanol e finalmente seco sobre cloreto de cálcio fundido.

iii) Síntese de complexos de Cu(II) :

Quantidades equimolares (0,02 M) de acetato de cobre e de ligandos foram dissolvidas separadamente em 25 ml de etanol. Estas soluções foram misturadas a quente e submetidas a refluxo durante 4-6 horas. O produto colorido foi filtrado, lavado com etanol e finalmente seco sobre cloreto de cálcio fundido.

iv) Síntese de complexos de Cr(III) :

Quantidades equimolares de cloreto de crómio $CrCl_3.6H_2O$ (0,02 M) e de cada um dos ligandos foram dissolvidas separadamente em 25 ml de etanol. Ambas as soluções foram filtradas e misturadas a quente. A mistura reacional foi refluxada durante 4-6 horas em banho-maria. Após a conclusão da reação, a massa reacional foi reduzida a metade e filtrada. O produto foi lavado com uma quantidade muito reduzida de etanol.

v) Síntese de complexos de Mn(III) :

Quantidades equimolares (0,02 M) de acetato de manganês e de ligandos foram dissolvidas separadamente em 25 ml de etanol. Estas soluções foram misturadas a quente e submetidas a refluxo durante 4-6 horas. O produto corado foi filtrado, lavado com etanol e finalmente seco sobre cloreto de cálcio fundido.

vi) Síntese de complexos de Fe(III) :

Quantidades equimolares (0,02 M) de cloreto férrico e de ligandos foram dissolvidas separadamente em 25 ml de etanol. Estas soluções foram misturadas a quente e refluxadas durante 4-6 horas. O produto colorido foi filtrado, lavado com etanol e finalmente seco sobre cloreto de cálcio fundido.

vii) Síntese de complexos de VO(IV) :

Em 25 ml de etanol, dissolveram-se separadamente quantidades equimolares (0,02 M) de sulfato de vanadilo hidratado $VOSO_4.5H_2O$ e de ligandos. Ambas as soluções foram filtradas e misturadas num balão R.B.. A mistura reacional foi mantida em refluxo durante 4-6 horas num banho de água. Os produtos corados obtidos foram filtrados, lavados com etanol e éter dietílico e finalmente secos sobre cloreto de cálcio fundido num exsicador.

viii) Síntese de complexos de Zr(IV) :

Dissolveu-se o cloreto de zirconiloxicloreto oxta-hidratado (0,64 g, 0,02 mol) em metanol (25 ml) e adicionou-se uma solução metanólica de acetato de sódio anidro (0,32 g, 0,04 mol em 25 ml), agitando-se durante 5 minutos. O cloreto de sódio separado foi filtrado. O respetivo ligando (0,02 mol) foi dissolvido separadamente em

DMF-metanol quente (1:4 v/v). A estas soluções, adicionou-se a solução contendo diacetato de oxozircónio(IV) e a mistura foi refluxada durante 4-6 h. O produto obtido foi filtrado, lavado várias vezes com água quente seguida de metanol e seco sobre cloreto de cálcio fundido.

ix) Síntese de complexos de $UO_2(VI)$:

Quantidades equimolares (0,02 M) de sal de uranilo ($UO_2(OAc)_2.2H_2O$) e de ligandos foram dissolvidas separadamente em etanol (25 ml). Ambas as soluções foram filtradas e misturadas. A mistura reacional foi mantida em refluxo durante 4-6 horas a quente. Os produtos corados foram filtrados, lavados com etanol e finalmente secos sobre cloreto de cálcio fundido.

Técnicas experimentais

1) Estimativa do metal

O teor de metal nos complexos foi estimado pelo método clássico do óxido [2]. Para tal, pesou-se uma quantidade conhecida (cerca de 100 mg) do complexo metálico num cadinho de platina limpo e seco e aqueceu-se fortemente ao ar durante 5-6 horas para obter um peso reduzido constante. O metal foi pesado sob a forma do seu óxido estável.

2) Estimativa do carbono, hidrogénio e azoto

O carbono, o hidrogénio e o azoto foram estimados pelo analisador C-H-N de Coleman

3) Estimativa de cloreto

A estimativa do cloreto foi efectuada pelo método de Volhard [41].

4) Condutância molar

A condutância molar dos complexos a uma diluição de 10-3 M foi determinada utilizando o medidor de condutividade digital equiptronic EQ-660 com uma constante de célula de 1,00 cm^{-1} à temperatura ambiente.

5) Espectro de infravermelhos

Os espectros de infravermelhos de todos os compostos sintetizados foram analisados na região 4000-400 cm^{-1} numa pastilha de KBr num espetrofotómetro Perkin-Elmer 842 em R.S.I.C., Chandigarh.

6) ^{1}Espectros de H-NMR

Os espectros^1 H-NMR dos ligandos sintetizados foram registados utilizando a mistura de clorofórmio deutero e dimetilsulfóxido e TMS como padrão interno num espetrómetro EM-360, 60 MHz NMR no R.S.I.C., Chandigarh.

7) Espectros de reflectância difusa

Os espectros de reflectância difusa foram registados num espetrofotómetro Cary-2390 na gama de 200-1000 nm no R.S.I.C., I.I.T., Chennai, utilizando $BaSO_4$ como diluente e MgO como referência.

8) Medições de suscetibilidade magnética

As medições de suscetibilidade magnética dos complexos sintetizados foram efectuadas pelo método de Gouy [42-44] à temperatura ambiente, utilizando $Hg[Co(SCN)_4]$ como calibrador. Um tubo de ensaio (cerca de 15 cm de comprimento e

3 mm de diâmetro) feito de vidro pirex com rolha de Teflon foi suspenso por uma corrente de prata a partir do centro do prato da balança, de modo a que a extremidade inferior ficasse localizada no centro do pólo do eletroíman.

a) Procedimento experimental

O tubo experimental foi limpo com ácido crómico e lavado cuidadosamente com água destilada, seguida de acetona, e seco numa estufa. Em seguida, colocou-se a rolha de teflon no tubo, suspendeu-se com a ajuda de uma corrente de prata e pesou-se o tubo vazio. Em seguida, procedeu-se a uma série de pesagens em diferentes campos magnéticos, variando a corrente. Em seguida, encheu-se o tubo com a substância até uma marca gravada. A substância foi enchida batendo várias vezes com o tubo numa superfície de madeira, de modo a garantir um enchimento estanque. Foram tomadas precauções para que não houvesse qualquer espaço de ar na coluna da amostra. A altura da amostra foi fixada de modo a que o nível superior se encontrasse no campo magnético mínimo. Em seguida, o tubo foi pesado em diferentes campos magnéticos.

b) Calibração do tubo

A suscetibilidade do grama é a relação gibe,

$$\chi_g = \frac{\alpha F + C}{W} \qquad \ldots\ldots 2.1$$

em que a é a constante caraterística do tubo e C é a correção devida ao meio (ar), F é a força (em mg) exercida pela substância no campo magnético e W é o peso da substância colocada no tubo da amostra até à marca.

No caso presente, a correção devida ao meio C ($0,0169 \times 10^{-6}$) foi considerada negligenciável em comparação com um fator F. A equação 2.1 simplifica-se, portanto, para

$$\chi_g = \frac{\alpha F}{W} \qquad \ldots\ldots 2.2$$

Como medimos F como mudança no peso do mesmo, a suscetibilidade em gramas pode ser calculada pela equação,

$$\chi_g = \frac{\Delta W}{W} \qquad \ldots\ldots 2.3$$

em que ΔW é a variação de peso da substância. O valor de a foi obtido utilizando o tetratiocianato de mercúrio cobalto(II) $\{Hg[Co(SCN)_4]\}$ ($\chi = 16.44 \times 10^{-6}$ C.G.S.) como substância de referência [45].

O produto de χ_g e do peso molecular da substância dá a suscetibilidade magnética molar, χ_m da substância.

O momento magnético foi calculado a partir da expressão

$$\mu_{eff} = 2.83\sqrt{\chi_A . T} \; B.M. \qquad \ldots\ldots 2.4$$

em que μ_{eff} é a suscetibilidade magnética obtida por subtração da suscetibilidade molar (χ_m) do complexo metálico. A suscetibilidade diamagnética da molécula do ligando é calculada utilizando a constante de Pascal [46] e T é a temperatura em graus Kelvin.

9) Medições de condutividade eléctrica

A condutividade eléctrica (d.c.) foi medida em função da temperatura (298423 K) pelo método da queda de tensão [47] utilizando um microvoltímetro. As amostras foram colocadas entre dois eléctrodos de latão. Todas as amostras foram comprimidas em pellets (12 mm de diâmetro e 0,9-2,0 mm de espessura) utilizando uma pressão de 5-6 ton cm^{-2} .

Referências

1. Furniss, B.S., Hannaford, A.J., Smith, P.W.G. e Tatchell, A.R., Vogel's Textbook of Practical Organic Chemistry, 5ª Ed., Longmans, Londres (1989).

2. Aswar, A.S., Bahad, P.J., Pardhi, A.V. e Bhave, N.S., J. Polym. Mater., 5, 232 (1988).

3. Sadigova, S.E., Magerramov, A.M. e Allakhverdiev, M.A., Russian J. Org. Chem., 44(12), 1921 (2008).

4. Khrustalev, D.P., Russian J. Chem, 79(3), 515 (2009).

5. Pattan, S.R., Shamrez, M., Pattan, J.S., Purohit, S.S., Reddy, V.V.K. e Nataraj, B.R., Indian J. Chem., 45B, 1929 (2006).

6. Sutariya, B., Raziya, S.K., Mohan, S. e Sambasiva, S.V., Indian J. Chem., 46B, 884 (2007).

7. Khrustalev, D.P., Suleimenova, A.A. e Fazylow, S.D., Russian J. App. Chem., 81(5), 900 (2008).

8. Maurya, M.R. e Gopinathan, C., Indian J. Chem., 35A, 702 (1996).

9. Maurya, M.R., Antony, D.C., Gopinathan, S., Puranik, V.G., Tavale, S.S. e Gopinath, C., Bull. Chem. Soc. Jpn., 68A, 1139 (1999).

10. Maurya, R.C., Chourasia, J. e Sharma, P., Indian J. Chem, 47, 517 (2008).

11. Boghaei, D.M. e Mohebi, S., J. Tetrahedron, 58, 5357 (2002).

12. Jayaramadu, M. e Reddy, K.H., Indian J. Chem., 38A, 1173 (1999).

13. Reddy, P.M., Kumar, K.A., Raju, K.M. e Murthy, N.M., Indian J. Chem., 39A, 1182 (2000).

14. Patel, K.H. e Mehta, A.G., E.J. Chem., 3(13), 267 (2006).

15. Narayana, B., Raj, K.V.K., Ashalatha, B.V. e Kumari, N.S., Indian J. Chem., 45B, 1704 (2006).

16. Kusiatkowski, E., Klein, M. e Romanowski, G., Inorg. Chem. Ata, 293, 115 (1999).

17. Nair, M.L.H. e Thankamani, D., Indian J. Chem., 48A, 1212 (2009).

18. Sondhi, S.M., Dinodia, M., Jain, S. e Kumar, A., Indian J. Chem., 48B, 1128 (2009).

19. Sah, A.K., Tonase, T. e Mikuriya, M., J. Inorg. Chem., 45, 2083 (2006).

20. Dey, K., Chakraborty, K., Bhattacharya, P.K., Bandopadhyay, D., Nag, S.K. e Bhowmick, R., Indian J. Chem., 38A, 1139 (1999).

21. Sonwane, S.K., Srivastava, S.D. e Srivastava, S.K., Indian J. Chem., 47B, 633 (2008).

22. Pattan, S.R., Reddy, V.V.K., Manvi, F.V., Desai, B.G. e Bhat, A.R., Indian J. Chem., 45B, 1778 (2006).

23. Joshi, J.D., Patel, N.P. e Patel, S.D., J. Indian Poly., 15(3), 219 (2006).

24. Karabasanagouda, T., Adhikari, A.V., Dhanwad, R. e Parameshwarappa, G., Indian J. Chem., 47B, 144 (2008).

25. Raman, N., Raja, Y.P., Kulandaisamy, A., J. Indian Acad. Sci., 113(3), 183 (2001).

26. Naik, B. e Desai, K.R., Indian J. Chem, 45B, 267 (2006).

27. Campbell, E.J. e Nquyen, S.T., J. Tetrahedron, 42, 1221 (2001).

28. Pietikainen, P. e Haikarainen, A., J. Mole. Catalysis, 180, 59 (2002).

29. Gottschaldt, M., Wegner, R., Gorls, H., Klufers, P., Jager, E.G. e Klemm, D., J. Carbohydrate, 339, 1941 (2004).

30. Matsushita, T. e Shono, T., J. Polyhedron, 5(3), 735 (1986).

31. Gupta, S.K., Nutchcock, P.B., Kushwah, Y.S. e Argal, G.S., J. Inorg. Chimica Ata, 360, 2145 (2007).

32. Cai, L.H., Hu, P.Z., Du, X.L., Zhang, L.X. e Liu, Y., Indian J. Chem., 46B, 523 (2007).

33. Kidwai, M., Poddar, P.R. e Singhal, K., Indian J. Chem., 48B, 886 (2009).

34. Reddy, P.M., Kumar, K.A., Raju, K.M. e Murthy, N.M., Indian J. Chem., 39A, 1182 (2000).

35. Ramesh, M., Chandrasekhar, K.B. e Reddy, K.H., Indian J. Chem., 39A, 1337 (2000).

36. Goudar, T.R. e Maravali, P.B., Indian J. Chem, 37A, 83 (1998).

37. Mahajan, R.K. e Patial, V.P., J. Indian Council Chem, 18(1), 4 (2001).

38. Silverstein, R.M., Bassler, G.C. e Morrill, T.C., Spectrometric Identification of Organic Compounds, 5th Ed., John Wiley and Sons, New York (1950).

39. Dey, K., Chakrabory, K., Bhattacharya, P.K., Bandyopadhyay, D., Nag, S.K. e Bhowmick, R., Indian J. Chem., 38A, 1139 (1999).

40. Cristensen, O.T.Z., Anorg. Chem., 27, 325 (1901).

41. Vogel, A.O., "A Text Book of Quantitative Inorganic Analysis", 3ª ed., Longman, Londres (1975).

42. Figgis, B.N., "Introduction to Ligand Fields", Wiley Eastern Ltd., New Delhi (1976).

43. Gouy, Comp. Rend., 109, 935 (1889).

44. Marstell, A.E. e Calvin, M., "Chemistry of Metal Chelates", McGraw Hill Publishing Co. Ltd., Nova Iorque (1966).

45. Figgis, B.N. e Nyholm, R.S., J. Chem. Soc., 4190 (1958); 338 (1959).

46. Figgis, B.N. e Martin, D.J., Inorg. Chem., (5), 100 (1966).

47. Yawale, S.P. e Pakade, S.V., J. Mater. Sci., 20, 5451 (1993).

Quadro 2.1

Dados analíticos dos ligandos

Sr. Não.	Ligando	Fórmula molecular	Molecular Peso	Cor e Natureza	Análise Elementar Encontrado (Calcd.)			
					C%	H%	N%	Cl%
1.	HCMAE	$C\,H\,N_{202222}$ OCl_2	393.0	Amarelo Cristalino	62.00 (61.06)	5.40 (5-59)	7.02 (7.12)	17.95 (18.06)
2.	HBAE	**Ci8Hi8N O_{22}** **Br₂**	453.8	Amarelo Cristalino	47.83 (47.59)	3.85 (396)	6.07 (6.17)	

Quadro 2.2

Composição proposta, peso da fórmula, cor, tempo de refluxo e análise elementar dos complexos HCMAE

Sr. Não.	Ligando	Fórmula peso g mole[1]	Cor	Tempo de refluxo	Análise Elementar Encontrado (Calcd.)				
					M%	C%	H%	N%	Cl%
la	[CoL(H₂ O)₂] H O₂	503.9	Ferrugem	5h	11.58 (11.68)	47.52 (47.62)	5.02 (5.15)	5.44 (5.55)	14.01 (14.09)
lombar	[NiL] H O₂	467.7	Preto	5h	12.22 (12.55)	51.23 (51.31)	4.61 (4.70)	5.77 (5.98)	15.02 (15.18)
1c	[CuL(H₂ O)₂] 2H O₂	526.5	Preto	5h	12.02 (12.06)	45.42 (45.58)	4.90 (4.93)	5.14 (5.31)	13.22 (13.48)
Id	[CrL(H₂ O)Cl] 2H O₂	532.5	Ferrugem	5h	9.66 (9.76)	45.02 (45.07)	4.72 (4.88)	5.12 (5.25)	19.90 (20.00)
le	[MnL(OAc)] 2H O₂	540.9	Castanho	5h	10.02 (10.14)	48.71 (48.80)	4.82 (4.99)	5.02 (5.17)	13.02 (13.12)
Se	[FeL(H₂ O)Cl] H O₂	518.4	Preto	5h	10.62 (10.78)	46.05 (46.29)	4.52 (4.62)	5.22 (5.40)	20.24 (20.54)
1g	[VOL]	458.0	Escuro Verde	6h	11.02 (H.13)	52.25 (52.40)	4.30 (4.36)	6.02 (6.Π)	15.30 (15.50)
Ih	[ZrL (OH)₂] 2H O₂	552.2	Castanho	6h	16.41 (16.51)	43.37 (43.46)	4.57 (4.70)	5.00 (5.07)	12.66 (12.85)
li	[UO₂ L]	661.1	Laranja	6h	35.92 (36.01)	36.12 (36.30)	2.94 (3.03)	4.11 (4.23)	10.61 (10.73)

Quadro 2.3

Composição proposta, peso da fórmula, cor, tempo de refluxo e análise elementar dos complexos HBAE

Sr. Não.	Ligando	Fórmula peso g mole[1]	Cor	Tempo de refluxo	Análise Elementar Encontrado (Calcd.				
					M%	C%	H%	N%	Cl%
2a	[CoL(H_2O)$_2$] H O_2	564.7	Castanho	5h	10.32 (10.43)	38.12 (38.25)	3.72 (3.89)	4.80 (4.95)	-
2b	[NiL] H O_2	528.5	Preto	5h	11.02 (11.10)	40.72 (40.87)	3.25 (3.40)	5.17 (5.29)	-
2c	[CuL(H_2O)$_2$] 2H O_2	587.3	Castanho	5h	10.61 (10.81)	36.61 (36.77)	3.95 (4.08)	4.62 (4.76)	-
2d	[CrL(H_2O)Cl] 2H O_2	593.3	Amarelo	5h	8.66 (8.76)	36.22 (36.40)	3.52 (3.70)	4.58 (4.71)	5.77 (5.98)
2e	[MnL(OAc)] 2H O_2	601.7	Castanho	4h	9.02 (9.12)	39.78 (39.88)	3.62 (3.82)	4.53 (4.65)	-
2f	[FeL(H_2O)Cl] H O_2	579.2	Verde	5h	9.58 (9.65)	37.13 (37.29)	3.32 (3.45)	4.72 (4.83)	6.02 (6.12)
2g	[VOL]	518.8	Verde	6h	9.41 (9.83)	41.12 (41.63)	3.01 (3.08)	5.09 (5.39)	-
2h	[ZrL (OH)$_2$] 2H O_2	613.0	Amarelo	6h	14.72 (14.87)	35.08 (35.23)	3.47 (3.58)	4.38 (4.56)	-
2i	[UO$_2$ L]	721.9	Laranja	6h	32.87 (32.98)	29.82 (29.92)	2.08 (2.21)	3.75 (3.87)	-

41

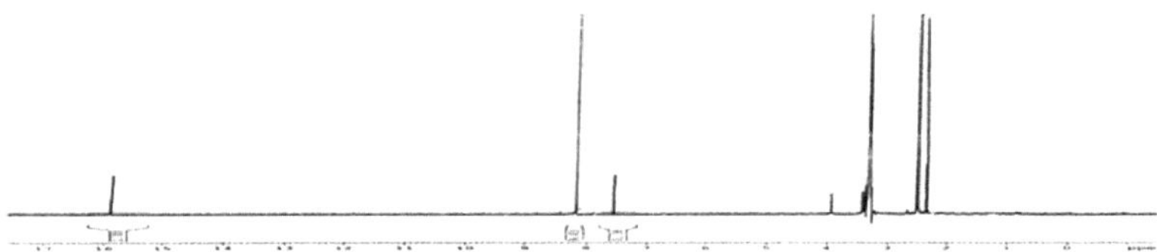

Fig. 2.1 ^{1}H Espectros de RMN do HCMAE

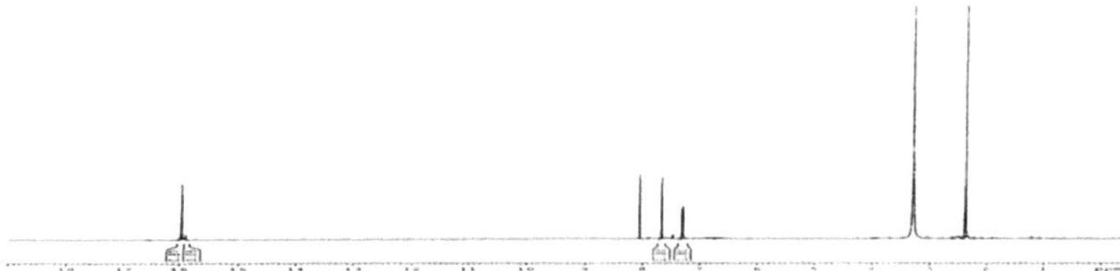

Fig. 2.2 ^{1}H NMR Spectra of HBAE

Capítulo - 3

Propriedades de electrocondutividade de complexos metálicos

Geral

A condutividade eléctrica dos complexos metálicos varia com a sua natureza e temperatura. A variação da condutividade eléctrica dos complexos metálicos com a temperatura é a base da sua classificação como semicondutores ou condutores metálicos. A condutividade eléctrica dos condutores metálicos diminui com o aumento da temperatura (ou seja, o coeficiente de temperatura é negativo) e a sua resistividade varia entre 10-6 e 10-3 Q. A condutividade eléctrica dos semicondutores aumenta com o aumento da temperatura (ou seja, o coeficiente de temperatura é positivo). A resistência específica destas substâncias varia numa vasta gama, ou seja, de 10^{-5} a 10^5 Q cm. O isolante sólido é uma substância com uma condutividade eléctrica muito baixa e cuja resistência específica excede 10^8 Q cm. No entanto, quando essa condutividade pode ser medida, observa-se que aumenta com a temperatura, tal como as substâncias semicondutoras.

Hassan et al [1] observaram a condutividade eléctrica da N- fenil-3-carboetoxi-4-metil-5-cianopiridazina-6-ona e dos seus complexos de Cr(III), Mn(II), Fe(III), Co(II), Ni(II) e Cu(II). Todas as amostras se comportaram como semicondutores orgânicos. Os electrões da orbital d deslocalizados contribuíram como portadores de carga. A condutividade mostrou uma tendência para aumentar com o aumento da temperatura. O intervalo de temperatura mais baixo foi a região do semicondutor extrínseco. A energia de ativação dependia linearmente do raio iónico. Foram sintetizados complexos de antraquinona-o-carboxílico fenil-hidrazona com iões metálicos Cr(III), Mn(II), Fe(III), Ni(II) e Cu(II) e a sua condutividade eléctrica foi medida [2]. A condutividade eléctrica destes complexos a 298K segue a ordem : Fe(III) > Cr(III) > Mn(II) > Ni(II) > Cu(II). A condutividade eléctrica dos polímeros de coordenação de Ni(II), Co(II), Zn(II), Mn(II), Cd(II), Hg(II) e UO2(VI) com a-oximinoacetoacet-o/p-cloroanilida-B-tiossemicarbazona e a-oximino-acetoacet-o/p-toludina tiossemicarbazonas foi estudada por Patel et al [3,4] e indicou que a energia de ativação se situa na gama de 0.015 a 0,158 eV. Alguns complexos e policelatos cuja condutividade eléctrica deriva de compostos orgânicos desempenham um papel eficaz no processo de condução e actuam como semicondutores. O aumento dos valores de condutividade dos compostos orgânicos foi observado devido à inclusão de iões metálicos na deslocalização do eletrão л do composto orgânico [5,6]. Também foi observada uma redução nos valores de condutividade do composto orgânico, o que é atribuído à ligação localizada entre o metal e o composto orgânico [7,8]. A propriedade de condutividade eléctrica que caracteriza a molécula orgânica sólida é a sua condutividade eléctrica, que aumenta com o aumento da temperatura de acordo com a relação,

$$\sigma = \sigma_0 \exp(-Ea/kT)$$

Ea representa uma energia de ativação ordenada do processo de condução.

A principal desvantagem de um semicondutor orgânico é a sua baixa mobilidade de portadores. As razões para este facto são -

1) A condução em compostos orgânicos cristalinos sólidos ocorre pelo transporte de cargas de uma molécula para outra através da sobreposição de moléculas vizinhas. Para barreiras de potencial intermoleculares largas, a sobreposição é fraca e a largura da banda é estreita. Neste caso, os portadores de carga podem saltar de uma molécula para a molécula vizinha [9]. Com esta hipótese de mecanismo de salto, a mobilidade dos portadores de carga é muito baixa [10].

2) A maior parte dos compostos orgânicos são amorfos por natureza. A falta de uma estrutura ordenada em tais materiais tem o efeito de dispersar os electrões quando estes tentam fluir através deles, pelo que a condutividade é menor. É possível ultrapassar estas dificuldades através da quelação de ligandos orgânicos com os iões de metais de transição. Assim, é possível ter uma interação dK-pK com ligandos adjacentes através das orbitais d do metal.

A deslocalização do eletrão л numa molécula orgânica simples que possui um sistema conjugado de ligações duplas é mais pronunciada numa estrutura aromática policíclica plana do que num polieno de cadeia linear ou ramificada - o transporte de electrões através de um grupo metálico coordenado num sistema polimérico deve, por conseguinte, ser melhorado se os ligandos tiverem estruturas policíclicas planas conjugadas, particularmente se o metal estiver quelatado e os anéis quelatos forem coplanares com o ligando. Tal é o caso se um dos grupos dadores no ligando for um azoto aromático terciário, como na piridina. Os metais que formam complexos quadrado-planos são preferíveis, embora sejam possíveis situações coplanares em complexos octaédricos se a quinta e a sexta posição de coordenação forem preenchidas por outros átomos. No caso de complexos metálicos de ligandos bi ou polidentados, para facilitar a condução ao longo do policelato, cada ião metálico deve proporcionar um caminho de condução para os electrões л de um ligando adjacente para o outro. Este será o caso, se os ligandos forem coplanares, o metal formando dл-рл a ambos os ligandos através da mesma d-orbital. Isto,

por sua vez, exige que o ligando seja do tipo quelato e que o ião metálico forme um quelato quadrado planar ou um quelato octaédrico em que dois sítios opostos (trans) são ocupados por ligandos do mesmo tipo. Isto tem a vantagem adicional de permitir que o metal utilize duas orbitais d para a ligação л. Assim, se o ligando se situar no plano xy, as orbitais dxz e dyz do metal estarão idealmente colocadas de modo a que ambas possam formar ligações л simultaneamente com estes dois ligandos.

Os valores de condutividade dos compostos dependem também do número de sistemas conjugados presentes, do aumento da aromaticidade, ou seja, da ressonância e dos efeitos mesoméricos e indutivos dos substituintes [11]. Observa-se que a presença de um grupo doador de electrões aumenta a densidade de electrões do sistema conjugado, levando a um aumento da condutividade eléctrica, em relação à presença do grupo retirador de electrões que retira a nuvem de electrões desse sistema.

Pesquisa bibliográfica

No capítulo da pesquisa bibliográfica sobre condutividade eléctrica, a literatura disponível sobre os estudos eléctricos da coordenação é escassa em comparação com os compostos orgânicos. No entanto, durante as últimas duas décadas, têm-se registado esforços significativos de investigação internacional por parte de vários trabalhadores, em resultado da procura de semicondutores inorgânicos de alta qualidade. Para efeitos do presente estudo, a literatura relevante é discutida nos parágrafos seguintes.

Pancholi e Patel [12,13] estudaram os policelatos de Cu(II), Ni(II), Co(II), Mn(II), Zn(II), VO(IV) e UO2(VI) com 2-hidroxi-acetofenona oxima-tioureia-trioxano e 2,4-di-hidroxi-acetofenona oxima-tioureia-trioxano e observou-se que a condutividade eléctrica dos complexos com o primeiro ligando se situava na gama de 2.06×10^{-10} a $1,67 \times 10^{-12}$ Q^{-1} cm^{-1} e diminuiu na ordem Zn > Cu > Co > Mn > UO2 > Ni > VO enquanto que na gama $1,07 \times 10^{-8}$ Q^{-1} cm^{-1} com o último líquido diminuiu na ordem Co > L > Ni > Cu > UO2 > VO > Mn > Zn. Os sais heterobimetálicos complexos derivados do ião 1-etoxicarbonil-1-cianoetileno-2, 2-ditiolatodioxouranato(VI) apresentaram condutividade à temperatura ambiente na gama de $2,80 \times 10^{-13}$ - $1,93 \times 10^{-3}$ S cm^{-1} e mostraram um comportamento semicondutor, uma vez que os seus valores de in a diminuíram com 1/T na gama de temperaturas (303 - 373 K) com uma energia de ativação entre 0,052 e 1,007 eV [14]. As propriedades eléctricas de alguns complexos metálicos de base de Schiff de Cu(II), Zn(II), Hg(II), Pb(II), Rb(II) e UO2(VI) com N-(2- hidroxi) benzilidina-^-alanina foram relatadas por Ahmed et al [15]. As condutividades eléctricas observadas foram encontradas na gama de 1×10^{-8} a $5,495 \times 10^{8}$ Q^{-1} cm^{-1} a baixa temperatura e $1,77 \times 10^{-5}$ a $4,169 \times 10^{-8}$ Q^{-1} cm^{-1} a alta temperatura. A condutividade eléctrica de cerca de 10^{-6} a 10^{-11} Q^{-1} cm^{-1} para poliácidos e seus quelatos foi estudada por Shirai [16,17]. A dependência da temperatura da condutância teve um ponto de rutura típico a 310-330 K com valores de AE mais baixos a temperaturas mais elevadas. Diaz et al [18] estudaram as propriedades eléctricas dos quelatos de Fe(II), Co(II), Ni(II) e Cu(II) com 2,5-dihidroxiterefaldeído. A condutividade eléctrica do 5-nitro e do 6-nitrobenzimidazol e dos seus complexos metálicos na gama de temperaturas de 298-338 K foi comunicada [19]. Colliman et al [20] observaram que a energia de ativação dos complexos de coordenação de Ni(II), Fe(II) e Co(II), com a base de poli Schiff de 2,6- diacetilpiridina com ortofenilenodiamina, hexametilenodiamina ou etilenodiamina se situa na gama de 0,44 a 2,66 eV. As propriedades semicondutoras de um grande número de ligandos de base de Schiff e dos seus quelatos/poliquelatos com iões de metais de transição foram estudadas por Aswar et al [21-32]. Maruyama et al [33] comunicaram a condutividade eléctrica da (2,2'-bipiridina-5-,5'-diilo) utilizando complexos de Ni(II). Bhave et al [34] estudaram exaustivamente os complexos de Cr(III), Mn(III), Fe(III) e Al(III) com bases de Schiff derivadas de 2-hidroxi-5-metilacetofenona e 2-hidroxi-5-cloroacetofenona com p-fenilenodiamina e a condutividade eléctrica d.c. dos complexos foi estudada numa vasta gama de temperaturas. A condutividade eléctrica (a) variou exponencialmente com a temperatura absoluta de acordo com a relação a = GO exp (-Ea/kT). O baixo valor da condutividade eléctrica ($9,1 \times 10^{-8}$ a $4,4 \times 10^{-9}$ Q^{-1} cm^{-1})

pode ser atribuído ao baixo peso molecular, devido ao qual a extensão da conjugação se torna baixa ou ocorre uma morfologia indesejável devido à prensagem da amostra em formas de paletes duras e quebradiças.

Patel et al [35-41] relataram as medições eléctricas do polímero de coordenação de base de Schiff de iões de metais de transição e inferiram que o baixo valor da condutividade eléctrica pode dever-se ao baixo peso molecular e à morfologia indesejável que ocorre durante a preparação dos grânulos; além disso, a baixa magnitude da energia de ativação pode dever-se à presença de um grande número de electrões л. Os policelatos de Cr(III), Mn(III), Fe(III), VO(IV), Zr(IV), Th(IV), Ti(III) e UO_2(VI) com 4,4'-bis [N-o-toluylsalicylaldimine-5)-azo]bifenil foram estudados por Bansod et al [42]. A condutividade eléctrica observada dos complexos com o ligando anterior foi encontrada na gama de $8,80 \times 10^{-11}$ a $1,05 \times 10^{-12}$ Q^{-1} cm^{-1} .

El-Wahed et al [11,43,44] estudaram o comportamento elétrico de diferentes ligandos e dos seus complexos metálicos. O comportamento elétrico dos derivados de ftalimida e dos seus complexos com metais de transição [11] na gama de temperaturas 290-435 K mostrou que a condutividade do ligando livre é igual a $6,03 \times 10^{-11}$ Q^{-1} cm^{-1} , que foi aumentada em cerca de uma ordem de grandeza na complexação com Co(II), Ni(II), Cu(II) e Zn(II). O aumento da condutividade seguiu a ordem do cobalto para o zinco. Este aumento foi atribuído à sobreposição entre os electrões nas orbitais л anti-ligantes dos diferentes catiões de metais de transição utilizados [45]. Além disso, a formação de complexos reduz a energia de ativação necessária para o processo de condução, o que explica a condutividade relativamente elevada dos complexos investigados. A condutividade eléctrica dos complexos metálicos de Co(II), Ni(II) e Cu(II) com hidrazida de ácido o-amino-benzoico [43] foi observada entre 300 e 500 K. Observou-se que a condutividade depende tanto dos catiões como dos aniões dos sais relacionados. Os complexos preparados apresentaram um comportamento semicondutor típico. Também foi relatada a condutividade eléctrica de alguns complexos de amino-hidroxipiridina [44].

Experimental

A resistividade eléctrica dos diferentes quelatos metálicos pode ser medida com os métodos a.c. ou d.c.. No entanto, no presente trabalho, o método d.c. é utilizado para medições de resistividade, numa vasta gama de temperaturas, isto é, desde a temperatura ambiente até 423 K. As medições envolveram os seguintes passos.

a) Preparação dos granulados

Para preparar os grânulos, as bases de Schiff e os complexos metálicos foram triturados separadamente até 300 mesh num pilão de ágata e num almofariz. Os compostos bem pulverizados foram peletizados isotacticamente numa matriz de aço de 1,2 cm de diâmetro sob uma pressão de 5-6 toneladas cm^{-1} com a ajuda de uma prensa hidráulica. O granulado assim obtido não apresentava fissuras e era duro. As faces finais das pastilhas foram suavemente lixadas sobre um papel de esmeril de número zero para garantir superfícies lisas e o polimento desejado. Foi utilizada uma folha de alumínio fina para um bom contacto elétrico. A continuidade da superfície da pastilha foi então testada por meio de um multímetro.

O diâmetro médio da pastilha e a sua espessura foram medidos com uma gaze de rosca. As dimensões reais foram medidas como a média das três medições efectuadas em três locais diferentes. As pastilhas foram depois armazenadas num exsicador até serem necessárias para as medições de condutividade.

b) Suporte de amostras

Um suporte de amostra típico é especialmente concebido e fabricado para efeitos de medições de resistividade. É constituído por dois eléctrodos de latão, um dos quais é fixado à placa de amianto por meio de porcas de latão. O outro elétrodo está também fixado à placa de amianto, que tem uma mola que pressiona fortemente contra a superfície da pastilha.

c) Forno para aquecer a amostra

Para as medições da resistividade a diferentes temperaturas, foi construído um forno elétrico adequado, enrolando o fio kanthal da resistência padrão num tubo de alumina de 1,5 polegadas de diâmetro e embalando-o com uma manta cerâmica numa caixa de estanho. O aquecimento do forno foi controlado com a ajuda de um regulador de intensidade. A corrente para o forno foi registada por meio de um amperímetro de corrente alternada. A medição exacta da temperatura do forno foi obtida e registada por meio de um termopar normalizado de cromel-alumel ligado a um multímetro digital Systronic, modelo número 435, no qual foi medida a fem desenvolvida em milivolts. A junção de medição do termopar e a pastilha no suporte de amostras estavam ao mesmo nível, quase no centro do forno onde a temperatura era uniforme. Os fios de ligação dos dois eléctrodos, que estavam isolados com contas de porcelana, foram retirados para serem ligados.

d) Procedimento experimental

A resistência da pastilha foi medida pelo método da queda de tensão utilizando um microvoltímetro Systronic em função da temperatura na gama de 1 V a 100 V. Os fios de ligação dos suportes de amostras do forno foram ligados aos dois terminais do instrumento. Deste modo, a resistência correspondente (R) da pastilha foi medida diretamente, mantendo a pastilha no suporte da amostra.

$$R = \left[\frac{V_T - V_R}{V_R}\right] \times 10^5 \, \Omega$$

em que, VT = gama de tensão total aplicada

VR = tensão efectiva através da resistência

R = resistência da pastilha

A resistividade (ρ) foi então calculada utilizando a relação,

ρ = R.A/t

onde,

A = superfície da pastilha

t = espessura do granulado

A condutividade eléctrica (σ) varia exponencialmente com a temperatura absoluta de acordo com a relação bem conhecida,

$\sigma = a0 \exp(-Ea/kT)$

onde,

σ = condutividade eléctrica à temperatura T

σ_0 = condutividade eléctrica à temperatura $T = \infty$

Ea = energia de ativação da condutância eléctrica

k = constante de Boltzmann da condução eléctrica

T = temperatura absoluta.

Esta relação foi modificada como,

$$\log \sigma = \log \sigma_0 + [-Ea/2.303\ kT]$$

De acordo com esta relação, um gráfico de $\log \sigma$ vs 1/T seria linear com um declive negativo. Estes gráficos foram efectuados com base em cada conjunto de dados. Os gráficos da dependência da temperatura da condutividade eléctrica para todos estes complexos foram desenhados.

Resultados

A condutividade eléctrica d.c. dos complexos de base de Schiff em estudo foi medida numa vasta gama de temperaturas, isto é, desde a temperatura ambiente até 423 K. O valor da condutividade eléctrica a 373 K e a energia de ativação destes complexos são citados nos quadros 3.1 e 3.2. A dependência da temperatura da condutividade eléctrica destes complexos é mostrada nas Fig. 3.1-3.2.

Os resultados seguintes foram extraídos dos resultados da condutividade eléctrica.

1. Condutividade eléctrica dos complexos HCMAE

Os resultados da dependência da temperatura da condutividade eléctrica dos complexos HCMAE (Tabela 3.1 e Fig. 3.1) estão resumidos como se segue:

1. O gráfico do $\log \sigma$ vs 10^3 /T é considerado linear.

2. A condutividade eléctrica destes complexos a 373 K situa-se na gama 1.69×10^{-9} to 1.85×10^{-7} $\Omega^{-1}cm^{-1}$.

3. A ordem de condutividade eléctrica destes complexos a 373 K é Fe > Cr > UO2 > Zr > VO > Mn > Ni > Cu > Co.

4. Verifica-se que a energia de ativação da condução eléctrica destes complexos aumenta na ordem Co < Cu < Zr < Ni < UO2 < VO < Mn < Fe < Cr.

2. Condutividade eléctrica dos complexos HBAE

Os resultados da condutividade eléctrica dos complexos HBAE são citados na (Tabela 3.2 e Fig. 3.2) Observa-se que :

1. O gráfico de log a vs 10^3 /T (Fig. 3.2) é linear na gama de temperaturas medida.

2. Os complexos têm condutividade eléctrica na gama de $2{,}05 \times 10^{-9}$ a $2{,}13 \times 10^{-7}$ $\Omega^{-1}cm^{-1}$.

3. A condutividade eléctrica destes complexos diminui na ordem Cr > UO2 > Zr > VO > Fe > Mn > Ni > Cu > Co.

4. Verifica-se que a energia de ativação da condução eléctrica dos complexos

aumenta na ordem Co < Zr < Cu < Ni < UO2 < VO < Mn < Fe < Cr.

Discussão

Os resultados da condutividade eléctrica de todos os complexos de bases de Schiff permitem tirar as seguintes conclusões

1. A condutividade eléctrica de todos os complexos de base de Schiff mostra uma tendência para aumentar com o aumento da temperatura até 423 K e obedece à relação log a Vs 1/T, indicando o seu comportamento semicondutor.

2. A condutividade eléctrica destes complexos situa-se entre $1,69 \times 10^{-9}$ e 6.69×10^{-7} $\Omega^{-1} cm^{-1}$ at 373 K , enquanto a energia de ativação da condução eléctrica se situa entre 0,0107 e 0,2113 eV.

3. A variação da condutividade eléctrica e da energia de ativação da condução eléctrica com os iões metálicos em complexos de bases de Schiff pode ser explicada com base na influência da incorporação de diferentes iões metálicos nos complexos, o que aumenta a tendência para a ionização [51].

4. A energia de ativação é uma medida direta do intervalo de bandas dos semicondutores; quanto menor for a energia de ativação, menor será o intervalo de bandas [49].

5. A condutividade eléctrica dos complexos de todos os ligandos de base de Schiff a 373 K aumenta na ordem : HBAE < HCMAE

Tabela 3.1 Condutividade eléctrica (o) a 373 K e energia de ativação (Ea) dos complexos de HCMAE

Metal	HCMAE	
	σ ($\Omega^{-1} cm^{-1}$)	Ea (eV)
Co(II)	1.69×10^{-9}	0.0305
Ni(II)	4.55×10^{-9}	0.0491
Cu(II)	3.82×10^{-9}	0.0357
Cr(III)	2.10×10^{-7}	0.1894
Mn(III)	4.33×10^{-8}	0.1222
Fe(III)	1.85×10^{-7}	0.1585
VO(IV)	1.72×10^{-8}	0.0860
Zr(IV)	1.59×10^{-8}	0.0367
UO2(VI)	1.12×10^{-8}	0.0655

Tabela 3.2 Condutividade eléctrica (o) a 373 K e energia de ativação (Ea) dos complexos de HBAE

Metal	HBAE	
	σ ($\Omega^{-1} cm^{-1}$)	Ea (eV)
Co(II)	2.05×10^{-9}	0.0405
Ni(II)	4.90×10^{-9}	0.0511
Cu(II)	4.54×10^{-9}	0.0409
Cr(III)	2.13×10^{-7}	0.1917
Mn(III)	4.50×10^{-8}	0.1270

Fe(III)	$4._{07}$x10-8	0.1617
VO(IV)	$2._{25}$x10-8	0.1032
Zr(IV)	$1._{72}$x10-8	0.0408
UO2(VI)	$1._{31}$x10-8	0.0813

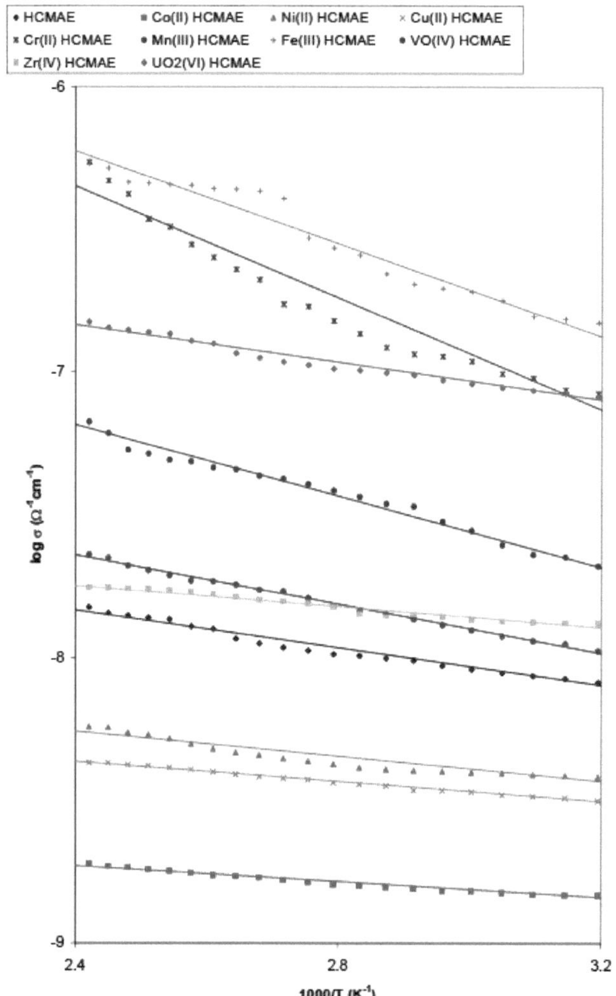

Fig. 3.1 Dependência da temperatura de log a

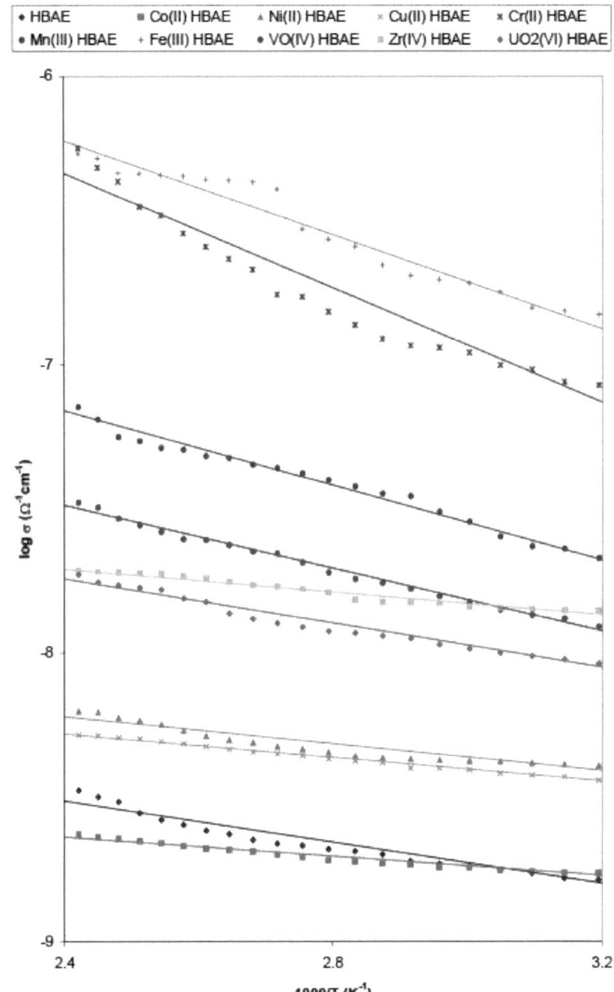

Fig. 3.2 Dependência da temperatura de log σт

Referências

1. Hassan, A.M., Shabana, A.A., Hammad, H.A. e El-Manakhly, K.A., J. Indian Chem. Soc., 78, 146 (2001).
2. El-Manakhly, K.A., J. Indian Chem. Soc., 75, 315 (1998).
3. Patel, P.S., Ray, R.M. e Patel, M.M., J. Indian Chem. Soc., 70, 99 (1993).
4. Patel, P.S. e Patel, M.M., J. Indian Chem. Soc., 72, 149 (1995).
5. Abd El-Wahed, M.G., El-Manakhly, K.A., Metwally, S.M. e Hammad, H.A., Monatsh Chem., 126, 663 (1995).
6. Abd El-Wahed, M.G., Thermochim. Ata, 182, 18 (1991).
7. Abd El-Wahed, M.G., Aly, S.A., Hammad, H.A. e Metwally, S.M., J. Phys. Chem. Solids, 55, 31 (1994).
8. Abd El-Wahed, M.G. e Metwally, S.M., Materials Let., 20, 23 (1994).
9. Meier, H., "Organic Semiconductors, Dark and Photoconductivity of Organic Solids", P- 383, Verlog Chemic Weinheim (1974).
10. Seanor, D.A., "Electrical Properties of Polymers", P-38, Academic Press, Nova Iorque (1982).
11. Abd El-Wahed, M.G., El-Manakhly, K., Hammad, H. e Barakat, A., Bull. Korean Chem. Soc., 17, 285 (1996).
12. Pancholi, H.B. e Patel, M.M., J. Polym. Mater., 13, 261 (1996).
13. Pancholi, H.B. e Patel, M.M., J. Indian Chem. Soc., 75, 86 (1998).
14. Singh, N. e Gupta, S., Indian J. Chem., 38A, 997 (1999).
15. Ahmed, Y.Z., Selim, S.R., Farazg, R.S. e El-Nawawy, M., Indian J. Chem., 33A, 20 (1994).
16. Shirai, H., Makromal Chem., 178, 1869 (1977).
17. Shirai, H., Macromol Chem., 180, 2073 (1979).
18. Diaz, F.R., Tagle, L.H., Godoy, Bol. Sec. Chill Quim., 31(2), 49 (1986).
19. Masoud, S., Mandouh, Mohamed, G., Kaseem, K., Mohmed, Dessouky, El-Ali, Hindawy, M.A. e Obeid, A.N., Thermochimica Ata, 169, 215 (1990).
20. Colliman, J.P., Devitt, M.C., John, T. Leidler e Charless, J. Am. Chem. Soc., 109(15), 4606 (1987).
21. Aswar, A.S. e Bhave, N.S., Colloid and Polym. Sci., 269, 547 (1991).
22. Aswar, A.S. e Bhave, N.S., J. Indian Chem. Soc., 68, 191 (1991).
23. Aswar, A.S., Trans. SAEST, 30(4), 156 (1995).
24. Aswar, A.S., Bahad, P.J. e Bhave, N.S., Rev. Romania de Chem., 40(1), 53 (1995).
25. Aswar, A.S. e Bhave, N.S., J. Indian Chem. Soc., 74, 75 (1997).
26. Wasu, R.V., Bodade, A.B. e Aswar, A.S., Proc. Nat. Acad. Sci., India, 67(A), 111 (1997).
27. Aswar, A.S. e Bhadange, S.G., J. Indian Chem. Soc., 74, 679 (1997).
28. Aswar, A.S. e Mohod, R.B., Bull. Electrochem, 14(11), 443 (1998).
29. Aswar, A.S., Mahale, R.G., Kakde, P.R. e Bhadange, S.G., J. Indian Chem. Soc., 75, 395 (1998).

30. Bahad, P.J., Bhave, N.S. e Aswar, A.S., J. Indian Chem. Soc., 77, 363 (2000).

31. Bhadange, S.G., Mohod, R.B. e Aswar, A.S., Indian J. Chem., 40A, 1061 (2001).

32. Mohod, R.B., Wasu, R.V. e Aswar, A.S., Polish J. Chem., 75, 1229 (2001).

33. Maruyama, T. e Yamamato, T., Synthetic Metals, 69, 553 (1995).

34. Bhave, N.S., Bahad, P.J., Sonparote, P.M. e Aswar, A.S., J. Indian Chem. Soc., 79, 342 (2002).

35. Patel, M.N., Patil, S.H. e Setty, M.S., Die. Angew. Makromol. Chem., 97, 69 (1981).

36. Patel, M.N. e Patil, S.H., J. Macro. Sci. Chem., A 18(4), 512 (1982).

37. Patel, M.N. e Patil, S.H., J. Macro. Sci. Chem., A 19(2), 201 (1983).

38. Patel, M.N. e Patil, S.H., Synth. React. Inorg. Met.-Org. Chem., 13(2), 133 (1983).

39. Patel, M.N., Patil, P.P. e Upadhyaya, H.D., Ind. J. Chem, 30A, 813 (1991).

40. Patel, M.N., Sutariya, D.H. e Patel, J.R., Synth. React. Inorg. Met.-Org. Chem., 24(3), 401 (1994).

41. Sutariya, D.H., Patel, J.R. e Patel, M.N., J. Ind. Chem. Soc., 73, 309 (1996).

42. Bansod, A.D., Aswale, S.R., Mandlik, P.R. e Aswar, A.S., J. Natural and Physical Sci., 19(1), 81 (2005).

43. Abd El-Wahed, M.G., Hassen, A.M., Hammad, H.A. e El-Desoky, Bull. Korean Chem. Soc., 13, 2 (1992).

44. Abd El-Wahed, M.G., El-Manakhly, K.A., Metwally, S.M. e Hammad, H.A., Materials Letters, 23(4-5-6), 325 (1995).

45. Houghton, R.P., "Metal Complex in Organic Chemistry", P- 45, Cambridge University Press, Cambridge (1979).

46. El-Mallah, H.M., Indian J. Pure and Appl. Physics, 49, 769 (2011).

47. Chetia, J.R., Moulick, M. e Dutta, A., Indian J. Chem. Tech., 11, 80 (2004).

48. Shaktawat, V., Jain, N., Dixit, M., Saxena, N.S., Sharma, K. e Sharma, T.P., Indian J. Pure and Appl. Physics, 46, 427 (2008).

49. Katon, J.E. (Ed.), "Organic Semiconducting Polymers", Marcel, Dekker, Inc., Nova Iorque, 89 (1968). Nova Iorque, 89 (1968).

50. Ahmed, A.M., Indian J. Pure and Appl. Physics, 43, 535 (2005).

51. Aswar, A.S., Bahad, P.J., Pardhi, A.V. e Bhave, N.S., J. Polym. M. Sci., 5, 233 (1988).

Capítulo - 4

Estudo biológico de complexos metálicos

Geral

De acordo com o aspeto moderno, o tratamento e o controlo das doenças infecciosas começam com a utilização de substâncias químicas que inibem ou matam o crescimento de agentes infecciosos ou patogénicos específicos sem danificar os microrganismos infectados. Esta abordagem é conhecida como quimioterapia e as substâncias químicas utilizadas são conhecidas como agentes quimioterapêuticos. A abordagem da quimioterapia científica foi apresentada por Paul Ehrlich que descobriu um composto de arsénio conhecido como salvarsan que era eficaz contra os organismos causadores da sífilis. O termo quimioterapia é utilizado tanto para os agentes antimicrobianos como para os medicamentos anticancerígenos devido à semelhança entre os organismos patológicos e as células cancerígenas. A substância química que mata ou inibe o crescimento de microrganismos sem afetar a célula hospedeira é conhecida como agente antimicrobiano. O antigo termo antibiótico é agora convertido em agente antimicrobiano porque existem muitos agentes sintéticos e semi-sintéticos disponíveis. Uma vasta gama de substâncias químicas apresenta estas características quando utilizadas numa concentração suficiente. No entanto, o termo é normalmente restringido às substâncias que são eficazes numa concentração adequada para aplicações práticas. A substância química deve ter um amplo espetro de atividade antimicrobiana, preferencialmente a uma baixa concentração. Classificação dos agentes antimicrobianos :

1. Estrutura química: - Os agentes antimicrobianos são classificados com base na sua estrutura. Por exemplo, as tetraciclinas têm quatro anéis cíclicos numa molécula de todos os agentes deste grupo.

2. Mecanismo de ação :- Os agentes antimicrobianos são classificados de acordo com o seu mecanismo de ação.

a) Inibem a síntese da parede celular: - por exemplo, penicilina, cefalosporinas.

b) Provoca a fuga da membrana celular :- Anfotericina B.

c) Inibe a síntese proteica :- Tetraciclinas Eritromicina.

d) Causam erros de leitura do código do ARNm - Aminoglicosídeos.

e) Interfere com a função do ADN :- Rifampina Norfloxacina.

f) Interferem na síntese do ADN: - Idoxuridina, Aciclovir.

3. Tipo de organismo :- Como antibacteriano, antiviral, antiprotozoário, antifúngico, etc.

4. Espectro de atividade: - a) Espectro estreito - Penicilina

b) Amplo espetro - Ciprofloxacina

5. Tipo de ação :-a) Bactericida - Penicilina

                            b) Bacteriostáticos - Tertaciclinas.

Problemas que surgem com a utilização de agentes antimicrobianos :

1) Toxicidade

a) Toxicidade local :- Irritação gástrica, dor e formação de abcessos no local da injeção. A eritromicina, a tetraciclina e certas cefalosporinas provocam tromboflebite da veia e toxicidade local.

b)   Toxicidade sistémica :- Praticamente todos os agentes antimicrobianos produzem toxicidade relacionada com a dose e previsível para os órgãos. Por exemplo, sabe-se que os aminoglicosídeos produzem nefrotoxicidade e outoxidade.

2)   Reacções de hipersensibilidade :- Praticamente todos os agentes antimicrobianos são capazes de produzir reacções de hipersensibilidade, por exemplo, as penicilinas.

3)   Resistência aos medicamentos :- É uma reação semelhante à tolerância observada nos organismos inferiores.

4)   Resistência cruzada :- A aquisição de resistência a um agente antimicrobiano que confere resistência a outro agente antimicrobiano ao qual o organismo não foi exposto é conhecida como resistência cruzada.

5)   Deficiências nutricionais :- Alguns dos membros do complexo B e a vitamina K são sintetizados na flora intestinal normal. Devido ao uso indiscriminado de agentes antimicrobianos, esta flora normal é perturbada e haverá uma deficiência de vitaminas. Na atividade antimicrobiana, os agentes antimicrobianos podem ser subdivididos em diferentes grupos. A subdivisão pode basear-se no grupo de microrganismos afectados: por exemplo, agentes quimioterapêuticos antibacterianos, antifúngicos, antiprotozoários, antivirais e antineoplásicos. Todos são mais ou menos específicos para o tratamento de doenças causadas por agentes patogénicos específicos [1,2], por exemplo, os agentes antibacterianos que actuam sobre as bactérias são conhecidos como bacteriocidas/bacteriostáticos. Um agente bacteriocida mata as bactérias, enquanto um agente bacteriostático inibe o crescimento das bactérias. Os agentes antimicrobianos incluem os desinfectantes e os medicamentos antimicrobianos, ou seja, agentes quimioterapêuticos e antibióticos. Estão a ser utilizados muitos compostos desinfectantes diferentes, alguns com uma vasta gama de atividade e outros mais específicos nos seus efeitos. A utilização potencial de complexos metálicos como fármacos é sintetizada por Albert [3].

A atividade antimicrobiana foi avaliada utilizando o método de difusão em ágar-placa [4], medindo a zona de inibição em mm. Todos os compostos foram analisados in vitro quanto à sua atividade antimicrobiana contra uma variedade de estirpes bacterianas, tais como Bacillus megatherium, Staphylococcus subtilis, Escherichia coli, *Proteus vulgaris* e fungos *Aspergillus niger* a uma concentração de 40 Lig/ml. Para efeitos de comparação, foram utilizados medicamentos padrão como a amicilina, a amoxicilina, a norfloxacina, a benzilpencilina e a griseofulvina. Um ensaio microbiano pode ser efectuado recorrendo a diferentes técnicas disponíveis [5]. O princípio destes testes é semelhante, nomeadamente, a preparação do gradiente de concentração do antibiótico num meio nutriente e a observação da ocorrência ou não de crescimento quando o meio é semeado com a bactéria indicadora e testes de ensaio, tais como o tamanho do inóculo, a natureza do meio de cultura, a presença de inibidores, a concentração de ágar no meio, a espessura do meio na placa, as condições e o tempo de inibição e a composição dos antibióticos.

Pesquisa bibliográfica

A pesquisa bibliográfica revela que as bases de Schiff sintetizadas utilizando uma variedade de acetofenonas e aminas possuem propriedades anticancerígenas [6]. Dhumwad et al [7] estudaram os complexos de N'-(N-morfolinoacetil) - VO(IV), Cr(III), Mn(III), Fe(III), Co(II), Ni(II), Cu(II), Cd(II), UO_2(VI), Th(IV) e Si(IV)-N^4 - fenil tiossemicarbazida e 3,4-metilenodioxi-benzaldeído tiossemicarbazona e estudaram as suas actividades antibacterianas pelo método da placa em taça contra E. coli e S. aureus. A concentração utilizada para o teste foi de 1 mg/mL de DMF. Os resultados indicaram que o ligando anterior foi considerado moderadamente ativo contra ambas as bactérias e, em alguns complexos, a atividade do ligando aumentou com a complexação. Os estudos antimicrobianos dos complexos de Zn(II), Cd(II) e Hg(II) de 1-metil-2-acetilbenzimidazol-tiossemicarbazona contra B. subtilis, E. coli e A. niger. Os resultados revelaram que os complexos metálicos são mais tóxicos do que o ligando foram examinados por Syamasundar e Adharvana Chary [8]. El-Manakhly et al [9] sintetizaram alguns complexos metálicos antimicrobianos activos de Cu(II), Zn(II), Cd(II) e Hg(II) de benzilideno acetil-hidrazona (BAH), clorobenzilideno acetil-hidrazona (CBAH) e salicilideno acetil-hidrazona (SAH). A atividade antimicrobiana destes ligandos e complexos foi avaliada utilizando o método de difusão a diferentes concentrações (250-2000 ppm) contra B. subtilis, S. aureus e E. coli. O ligando livre e os seus complexos metálicos exibiram um efeito inibitório significativo contra bactérias gram negativas e um efeito muito maior contra bactérias gram positivas, especialmente os complexos de Hg e Cu de SAH, CBAH e BAH em todas as concentrações. Todos os complexos de Cd e Cu apresentaram um efeito inibitório menor. A inibição completa do crescimento foi observada após medições turbidimétricas durante 24 h para Eubacteria a 50 ppm Cd para B. megatherium, a 100 ppm Cd para Caryne bacterium sp. e a 500 ppm Cd para Enterobacter aeregenes e B. cereus. As bactérias gram-negativas foram mais tolerantes ao Cd do que as gram-positivas. Em geral, a atividade dos ligandos livres e dos complexos CHAH contra ambos os tipos de bactérias foi superial, mas as gram positivas foram resistentes e responderam menos do que as gram negativas. Os resultados revelaram que os complexos de metais pesados melhoram a atividade antimicrobiana. Os quelatos de Cu(II), Zn(II) e Cd(II) com derivados de 8-hidroxi-quinolina-5-sulfonamidas foram testados contra bactérias e fungos. Estes quelatos foram estudados por Ibrahim et al [10] e demonstraram possuir uma maior atividade antimicrobiana em relação aos ligandos de sulfonamida livres.

Makode e Aswar [11] estudaram a atividade antibacteriana do ligando e os seus complexos foram analisados contra E. coli, S. aureus, Pr. mirabilis e S. typhi. A atividade antibacteriana das bases de Schiff dc 2-furfurilideno-2-aminopirideno, etilmetilcetona-2-aminopiridina, salicilideno-2-aminopiridina e dos seus quelatos metálicos com Co(II), Ni(II) e Cu(II) foi avaliada contra S. typhi, E. coli e B. subtilis pelo método de disco único [12]. Os complexos de Cu(II) observaram uma atividade mais elevada do que os complexos de Co(II) e Ni(II). Singh et al [13] sintetizaram os complexos de Mn(II), Co(II), Ni(II), Cu(II) e Zn(II) com salicilaldehidiobenzil hidrazona. A atividade antibacteriana do ligando e dos seus complexos metálicos foi avaliada contra S. aureus, S. epidermidis, E. faecalis, E. coli, P. aeruginosa, P. vulgaris, S. flexneri e V. cholerae pela técnica de difusão em placa de Agar. Os resultados mostraram que o ligante inibe o crescimento apenas de V. cholerae. Os complexos de Mn(III) e Cu(II) inibem o crescimento de S. aureus, S. epidermidis e P. aeruginosa.

O complexo de Cu(II) inibe o crescimento de S. aureus, S. epidermidis e V. cholerae, para os quais o ligando é considerado inativo. O complexo de Co(II) inibiu o crescimento apenas de S. aureus, enquanto que o complexo de Zn(II) se revelou inativo contra todas as bactérias escolhidas para o rastreio. Os ligandos macrocíclicos e os seus complexos de Cu(II) [14] foram analisados in vitro quanto à sua atividade antimicrobiana utilizando o método de diluição em série contra duas bactérias viz. E. coli (gram negativa) e S. aureus (gram positiva) [período de incubação de 24 h a 37°C] e dois fungos, viz. A. niger e C. albicans [período de incubação de 96 h a 28°C]. A solução de teste da dihidrazida do ácido iminodiacético (IDADH) e da dihidrazida do ácido piridino-2,6-dicarboxílico (PDADH) foram preparadas em propilenoglicol e as dos seus complexos metálicos em DMSO diluídas com meios de cultura para dar a concentração necessária do fármaco em 2,5% de DMSO. Os fragmentos ligantes IDADH e PDADH apresentaram efeitos biocidas iguais contra S. aureus. Por outro lado, a atividade variou em certa medida no caso da E. coli, sendo mais elevada para o PDADH do que para o IDADH. Ambos os fragmentos de ligandos apresentaram igual atividade contra os fungos A. niger e C. albicans. Os quelatos metálicos mostraram uma maior atividade contra todos os microrganismos. Mishra e Chaturvedi [15] estudaram as actividades antimicrobianas de bases de Schiff derivadas de 2-hidroxi-1-naftaldeído e p-anisidina e os seus derivados (1:2) de Cu(II), Ni(II), Zn(II) e Mn(II), que foram testados em algumas bactérias viz. S. typhi, E. coli, P. flurescene, P. vulgaris e S. aureus utilizando o método de difusão em disco. Quase todos os complexos metálicos preparados exibiram uma atividade antibacteriana apreciável. As actividades aumentaram com o aumento da concentração. Verificou-se que a maioria dos complexos metálicos inibia o crescimento total a uma concentração de 300 ppm. Os estudos foram efectuados em diferentes concentrações inferiores a 300 ppm.

Bansal et al [16] estudaram a atividade antimicrobiana de complexos de Pb(II) em S. aureus e E. coli e observaram uma zona de inibição máxima de 11 mm de diâmetro após 24 horas para um dos complexos. A atividade antimicrobiana dos complexos de base de Schiff de Cu(II), Ni(II) e Fe(II) contra P. areuginosa e S. typhi foi relatada por Henri et al [17]. Os complexos de Fe(III) de aroil e heteroaroil hidrazonas são conhecidos pelas suas actividades antimicrobianas [18]. As actividades biológicas das bases de Schiff derivadas da carbohidrazida com vários aldeídos e os seus complexos metálicos foram relatadas através do rastreio dos compostos contra E. coli e S. aureus [19]. Foi evidente a partir dos dados que, entre os complexos de zircónio, vanádio, níquel, cobalto e cobre, os complexos de vanádio não substituídos e os complexos de vanádio substituídos com 5-metil exibiram uma atividade elevada. O efeito de um ligando polimérico e dos seus polímeros de coordenação no crescimento de vários microrganismos foi relatado por Pancholi e Patel [20]. Os resultados sugerem que a variação na estrutura da coordenação afecta o crescimento dos microrganismos. Sandhya Rani et al [21] apresentaram os complexos de VO(IV), Cr(III), Mn(II), Fe(II), Co(II), Ni(II), Cu(II) e Zn(II) de 2,3-dihidrazino-quinoxalina para a atividade antimicrobiana em bactérias gram positivas e gram negativas, o que mostrou que o ligando é ativo apenas contra S. aureus e a atividade é reforçada pela complexação. Os complexos metálicos apresentaram maior atividade contra a E. coli. Os complexos de VO(IV) e Cr(III) mostraram uma boa atividade contra ambas as bactérias, mesmo a baixa concentração, enquanto os complexos de Fe(II) e Co(II) mostraram uma atividade semelhante contra E. coli. O rastreio fungicida dos complexos de Mn(II), Co(II), Ni(II) e Cu(II) derivados do ácido desidroacético e da anilina substituída foi estudado [22,23]. Novos compostos de base de Schiff foram sintetizados por Shah et al [24] e alguns compostos representativos foram analisados quanto à atividade antibacteriana utilizando o método da placa em taça a 100-500 ppm, contra E. coli, S. aureus, S. albus e B. subtilis. A partir dos resultados, parece que a ligação azometina é um requisito estrutural essencial para essa atividade.

Foi realizada a atividade antimicrobiana de quelatos metálicos de 2-salicil-hidrazona-benzotiazol utilizando a técnica de difusão em ágar-placa [25] e foi estudado que as actividades antibacteriana e antifúngica são melhoradas na complexação com metais. Singh e Khushawala [26] estudaram a atividade biológica dos complexos metálicos bivalentes com N-benzoil-N'-2- furantiocarbohidrazida. A atividade antimicrobiana do ligando foi avaliada contra as bactérias S. aureus, E. coli e P. aeruginosa pela técnica de difusão em disco, em DMSO, a diferentes concentrações (50-2000 ng/mi). A zona de inibição foi comparada com fármacos padrão e verificou-se que a atividade do ligando e dos seus complexos metálicos varia com as bactérias e também com a alteração da concentração. Hussain Khan [27] relatou que a atividade antimicrobiana dos tiazóis substituídos foi testada contra as bactérias E. coli, B. subtilis, S. aureus e os fungos A. *niger, P. oryzae, F. oxysporum* a uma concentração de 100 ng/mi e a atividade bacteriana dos compostos de tiazóis sintetizados foi testada contra *E. coli, B. subtilis* e *S. aureus* utilizando o método de difusão em ágar cup-piate. As bases de Schiff sintetizadas utilizando uma variedade de aideídos e aminas possuem atividade antitubercuiar [28], anticancerígena [29], antitumoral [30,31], bacteriostática, fungicida [32-35], medicinal e agroquímica [36]. Vários complexos de bases de Schiff são considerados de grande utilidade em termos farmacológicos, agroquímicos e biológicos [37-40]. Vários complexos de bases de Schiff são conhecidos pelas suas actividades antibacterianas.

Os estudos biológicos dos complexos de hidrazona de 2-acetilnaftol[2,1-b] furano foram relatados por Latha et al [41]. A atividade antimicrobiana dos complexos sintetizados foi determinada pelo método da placa em taça. As bactérias utilizadas foram S. aureus e K. pneumoniae. Os resultados revelaram que os complexos de

Cu(II), Ni(II), Cd(II), Hg(II) e Zn(II) apresentam uma atividade considerável contra ambos os organismos, enquanto os sais metálicos correspondentes têm uma atividade negligenciável. O complexo de Co(II) mostrou uma atividade moderada contra K. pneumoniae e foi quase inativo contra S. aureus, tendo-se verificado que o ligando era inativo contra ambos os organismos. Os ligandos a-oximinoacetoacet-o-cloroanilida-P-tiossemicarbazona (OAOCATS), a-oximino-acetoacet-p-cloroanilida-P-tiossemicarbazona (OAPCATS) e os seus complexos metálicos com Ni(II), Co(II), Zn(II), Mn(II), Hg(II), Cd(II) e UO_2(VI) foram estudados quanto à sua atividade antimicrobiana contra os iões E. coli, P. fluroscens, S. marcescens, B. subtilis, A. niger e T. longibrachiatum [42]. Os estudos indicaram que os quelatos metálicos de ligandos polidentados contendo a função tiossemicarbazona são capazes de exibir um efeito antimicrobiano que pode variar consoante os organismos e os iões metálicos. Rathor et al [43] estudaram a atividade antimicrobiana das hidrazonas e dos seus complexos metálicos pelo método de diluição em série contra Clapsiella, Pseudomonas (patogénicas), E. coli e S. aureus (não patogénicas). A concentração inibitória mínima (CIM) dos compostos que impedem o crescimento detetável foi tomada como medida da atividade biocida. O resultado mostrou que todas as hidrazonas são fisiologicamente activas. No entanto, a sua ação biostática é específica e selectiva contra a natureza das bactérias utilizadas. Além disso, foi efectuado um estudo comparativo sobre o carácter biocida dos ligandos sintetizados e dos seus complexos metálicos em coordenação com a molécula de hidrazona. Entre os dois iões metálicos utilizados, Fe e Co, foi observada a atividade biológica dos complexos de Co, o que se deve à natureza inaceitável do Co^{2+} pelas células dos microrganismos. O rastreio antimicrobiano de complexos de metais de transição de ligandos tetradentados assimétricos foi estudado por Maldhure e Aswar [44]. Johari et al [45] estudaram a atividade antibacteriana de complexos de base de Schiff de Cu(II), Ni(II), Fe(II) e Zn(II) derivados do salicilaldeído e do ácido o-amino-benzoico. A atividade antibacteriana de alguns complexos de base de Schiff foi descrita por Nair et al [46]. Mishra e Soni [47] estudaram as actividades biológicas de algumas bases de Schiff e dos seus complexos metálicos. Daniel e Ihm [48] estudaram os complexos carbonílicos de Ruténio(II) de base de Schiff tetradentada. Os dados relativos à atividade mostram que os complexos metálicos são antibacterianos mais potentes do que o ligando de base de Schiff de origem contra uma ou mais espécies bacterianas, tal como referido por Geindy [49]. Os complexos de base de Schiff apresentam uma atividade antifúngica e antibacteriana razoável [50].

Venkatesh [51] estudou a atividade antimicrobiana de vários complexos de base de Schiff de iões Zn(II) e Cu(II). Baluja et al [52] comunicaram a atividade biológica de alguns complexos de bases de Schiff e de metais. A atividade antimicrobiana de complexos mistos de ligandos de base de Schiff de Co(II), Ni(II), Cu(II) e Zn(II) foi estudada por Mapari e Mangaonkar [53].

Experimental

Para a avaliação da atividade antimicrobiana invitro, devem ser cumpridas as três condições seguintes. Em primeiro lugar, a substância a avaliar deve ser posta em contacto íntimo com os organismos de ensaio contra os quais se pretende avaliar a atividade. Em segundo lugar, devem ser proporcionadas condições favoráveis (temperatura, meio nutritivo, tempo de incubação, etc.) para oferecer a máxima oportunidade de crescimento ótimo dos organismos na ausência do agente antimicrobiano e, em terceiro lugar, deve existir um método para medir a resposta antibacteriana obtida pelo agente antimicrobiano [54]. Foram propostos e adotados diferentes métodos para a medição da atividade antibacteriana [55].

Estes são -

1. Método de diluição em estrias de ágar.
2. Método de difusão em ágar (placa, disco, cilindro).
3. Método turbidométrico.
4. Método de diluição especial.
5. Método específico (específico para medir a ação de uma substância específica).

No presente estudo, utilizámos o método de difusão em ágar. Os seguintes microrganismos foram utilizados no presente estudo.

1. Bacillus subtilis (Gram positivo)
2. Proteus vulgaris (Gram negativo)
3. Staphylococcus aureus (Gram positivo)
4. Escherichia coli (Gram negativa)
5. Pseudomonas fluorescen (Gram negativo)
6. Aerobacter arogenes (Gram negativo)
7. Bacillus megatharium (Gram positivo)

A] Meios utilizados

1. Meio de ágar nutriente

Composição	Extrato de carne de bovino	3.0 g
	Peptona	5.0 g
	NaCl	5.0 g
	Ágar	15.0 g
	Água destilada	1000 mL
	pH	6.9-7.1

2. Meio de caldo de nutrientes

Composição	Extrato de carne de bovino	3.0 g
	Peptona	5.0 g
	NaCl	5.0 g
	Água destilada	1000 mL
	pH	6.9-7.1

Ambos os meios acima mencionados utilizados eram de grau bacteriostático. Os meios acima referidos foram considerados adequados para o crescimento dos sete organismos utilizados no presente trabalho.

B] Preparação da inclinação

O meio de ágar nutriente foi dissolvido em água destilada e esterilizado em autoclave. Cerca de 5 mL do meio fundido foram transferidos assepticamente para tubos de ensaio previamente esterilizados. Em seguida, os tubos de ensaio foram bem tapados e colocados numa posição inclinada para arrefecerem e solidificarem.

C] Cultura de acções

A cultura foi cultivada nas lâminas de ágar nutriente, incubando-as durante 24 h a 37°C.

D] Diluição da cultura (subcultura)

Foi adicionada uma colherada de cultura de reserva a 5 mL de meio de caldo nutritivo para inoculação. Este caldo inoculado foi incubado durante 24 h a 37°C. Para todos os fins experimentais, foram utilizadas culturas frescas diluídas dos organismos durante 24 horas.

E] Preparação da solução de amostra

A atividade antibacteriana é normalmente testada através da preparação de uma solução aquosa das amostras. No entanto, os complexos metálicos preparados no presente estudo eram insolúveis em água e em solventes orgânicos comuns, mas formavam uma suspensão em dimetil formamida (DMF). Assim, para estudar a atividade antibacteriana dos complexos metálicos, as suas suspensões foram preparadas utilizando dimetil formamida. A dimetil formamida pode ter alguma atividade antibacteriana, pelo que foi utilizado um branco de dimetil formamida e testado como controlo.

Para verificar a potência dos compostos, as soluções foram preparadas com uma concentração de 1 mg/mL. 1 mL desta solução foi adicionado a 5 mL da solução de caldo nutriente, contendo os organismos a serem testados. Os tubos com organismos e o meio com solvente (DMF) foram utilizados como controlos. Estes tubos foram mantidos para incubação a 37°C durante 24 h. A maioria dos complexos metálicos em estudo mostrou inibição total das culturas testadas (E. coli, S. typhi, A. aerogenes, 8. subtilis, B. megatherium, P. vulgaris e S. aureus) em 24 horas de incubação. O tubo que continha os complexos metálicos que apresentavam inibição (ou seja, atividade antimicrobiana) era transparente. Assim, para todos os rastreios antibacterianos, foram utilizadas concentrações de 1 mg/mL, que se encontram na gama da substância a ser utilizada como antibiótico.

F] Método da placa em taça de ágar [22]

Foi preparado um meio de ágar nutriente estéril e fresco de cada vez. Os procedimentos foram efectuados de forma asséptica. Todos os aparelhos necessários foram esterilizados.

Em cada placa de Petri estéril, foram vertidos 15-20 ml do meio fundido (ágar nutriente) e deixou-se solidificar. Após a solidificação simultânea do ágar nutriente, foram adicionados a cada placa de Petri 0,05-0,1 ml (aproximadamente 2-3 gotas) de cultura fresca diluída de 24 horas do organismo em estudo. A distribuição uniforme da cultura foi efectuada rodando a placa. Uma camada fina de caldo é fixada na superfície superior da placa, designada por "relvado". Em seguida, foram feitos poços na placa de ágar nutriente com a ajuda de uma broca de 6 mm de diâmetro. Em seguida, as soluções (0,02 mL) com a mesma concentração de cada um dos complexos foram adicionadas em diferentes poços, enquanto os poços que continham dimetil formamida foram utilizados como controlo. Estas placas foram então incubadas durante 24 h a 37°C. O diâmetro das zonas de inibição foi medido.

G] Leitura dos resultados

A leitura e a interpretação dos resultados foram efectuadas de acordo com Cappuccino e Sherman et al [56]. O diâmetro das zonas de inibição do crescimento, incluindo 6 mm do poço, foi medido através da visualização da placa contra uma régua.

Resultados e discussão

O efeito de inibição de todos os ligandos sintetizados e dos seus complexos metálicos no crescimento de várias bactérias está resumido nas Tabelas 3.1 e 3.2. Estes resultados são interpretados através da medição das zonas de inibição do crescimento da cultura bacteriana utilizada em comparação com o controlo (DMF).

1. HCMAE e seus complexos:

O ligante HCMAE e os seus complexos (Tabela 4.1) apresentam atividade antibacteriana. O ligando HCMAE apresenta uma atividade moderada contra P. vulgaris e S. aureus e é quase inativo contra todas as outras espécies bacterianas. Os complexos de Cu(II), Cr(III) e Mn(III) têm boa atividade contra S. aureus e A. aerogenes, atividade bacteriostática contra P. fluorescen mas atividade moderada a baixa contra as outras espécies bacterianas. Os complexos de Ni(II) e Fe(III) apresentam uma zona de inibição moderada contra P. fluorescen. Os complexos de Cr(III), Zr(IV) e UO2(VI) apresentam boa atividade contra P. vulgaris e S. aureus, respetivamente, mas baixa sensibilidade ou resistência contra as outras bactérias. O complexo VO(IV) apresenta uma maior atividade contra B. megatherium e mostra um comportamento quase bacteriostático contra todas as outras espécies bacterianas.

2. HBAE e seus complexos:

Verifica-se que o ligando HBAE e os seus complexos (Tabela 4.2) apresentam uma atividade bacteriocida considerável contra E. coli, A. aerogenes, S. aureus e B. subtilis e são quase inactivos contra B. megatherium, P. vulgaris e P. fluorescen. O ligando inibe o crescimento de S. aureus mais do que todos os seus complexos. Em contrapartida, a natureza bacteriostática do ligando é dominada pelos seus complexos contra S. aureus. Todos os complexos apresentam uma zona de inibição moderada a boa contra S. aureus. Os complexos de Cu(II) e Fe(III) são resistentes contra E. coli, B. subtilis, B. megatherium e P. fluorescen, mas mostram uma atividade moderada contra outras espécies bacterianas. Os complexos de Co(II) e Zr(IV) inibem fortemente o crescimento de B. subtilis e não têm atividade contra E. coli. Os complexos ligantes de Cr(III), Mn(III) e VO(IV) apresentam uma atividade considerável contra E. coli e B. subtilis e quase inativa contra P. vulgaris e P. fluorescen. O complexo UO2(VI) apresenta uma atividade moderada contra E. coli, A. aerogenes, S. aureus, B. megatherium e é quase resistente às outras bactérias. Os resultados revelam que a sensibilidade do ligando HBAE e dos seus complexos é reduzida contra quase todas as estirpes bacterianas utilizadas na presente investigação.

Com base nos resultados experimentais acima referidos, pode concluir-se que -

1. Todos os compostos apresentam maior atividade contra S. aureus e menor atividade contra P. fluorescen.

2. Os derivados de cloro apresentam uma sensibilidade acentuada em comparação com o análogo correspondente.

3. As alterações estruturais têm um efeito marcado na sensibilidade e esta varia com o ião metálico e com os organismos.

As imagens representativas da zona de inibição do crescimento inibido por E. coli e B. subtilis são apresentadas na Fig. 4.1 e 4.2, respetivamente.

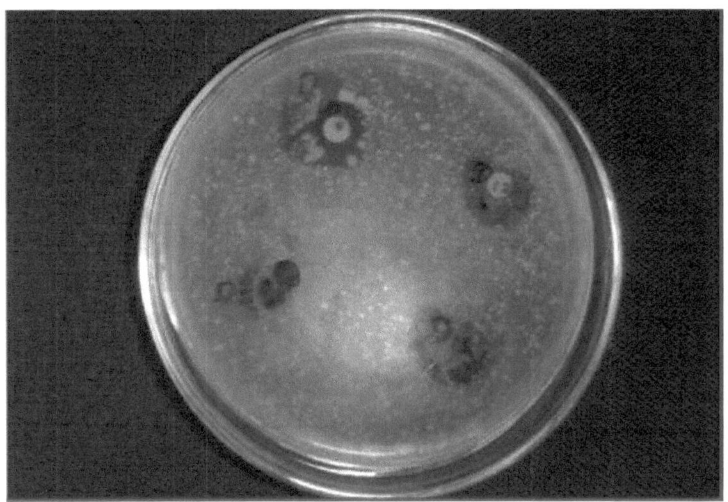

Fig. 4.1 Zona de inibição do crescimento de E. coli

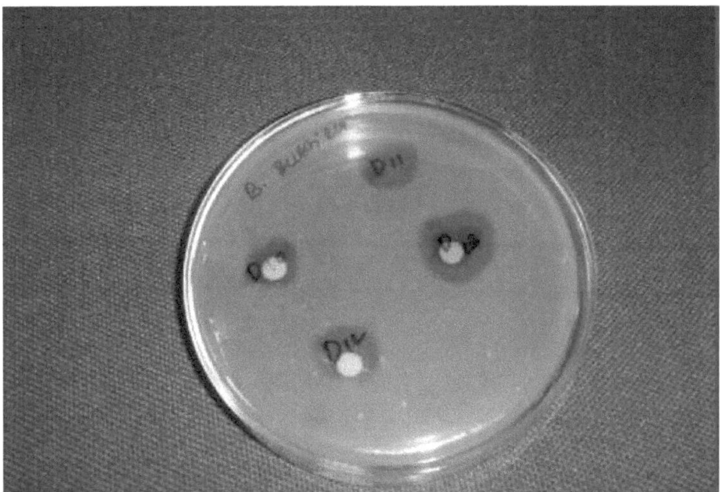

Fig. 4.2 Zona de inibição do crescimento de B. subtilis

Ligando e seus complexos	B. subtilis (mm)	P. vulgaris (mm)	S. aureus (mm)	E. coli (mm)	P. fluorescente (mm)	A. aerogéneos (mm)	B. meuatherium (mm)
HCMAE	R	S12	S13	R	R	R	R
Co-HCMAE	S15	R	S14	R	S14	R	S10
Ni- HCMAE	S_9	R	S_7	R	Si6	R	R
Cu- HCMAE	R	S14	R	S10	R	S13	S13
Cr- HCMAE	S_8	S11	S15	S_8	R	S14	R
Mn-HCMAE	R	S10	Si6	S10	R	S15	10
Fe- HCMAE	S_9	S11	S10	R	S15	S12	R
VO-HCMAE	R	R	S_8	R	R	S10	S16
Zr- HCMAE	R	S14	S7	S_8	S_8	S_9	S9
UO2-HCMAE	R	S8	S16	S8	S8	R	S9

S - Sensível (Bacteriocida)

R - Resistente (Bacteriostático)

Ligando e seus complexos	B. subtilis (mm)	P. vulgaris (mm)	S. aureus (mm)	E. coli (mm)	P. fluorescen (mm)	A. aerogéneos (mm)	B. miuaiherium (mm)
HBAE	s_8	R	S14	S13	R	R	R
Co- HBAE	S15	S_7	Mana	R	Si6	R	S11
Ni- HBAE	S11	S13	S10	R	S17	Si6	R
Cu- HBAE	R	S_{17}	S12	R	R	S11	R
Cr- HBAE	S13	R	S11	S14	R	S12	R
Mn-HBAE	S13	R	S15	S_9	R	s_8	S9
Fe- HBAE	R	S_9	S14	R	R	S13	R
VO-HBAE	S11	R	S13	s_9	R	Mana	S9
Zr- HBAE	S15	R	S14	R	R	s_9	R
UO2-HBAE	R	R	S14	S12	R	S12	S8

S - Sensível (Bacteriocida)

R - Resistente (Bacteriostático)

Referências

52. Cruichshank, R., Duguid, J.P., Maramion, B.P. e Swain, R.H.A., "Medical Microbiology", 12ª Ed. Vol. II (1975).

53. Fuerst, R., "Microbiology in Health and Disease", 15ª ed., W.B. Saunders Co., Tóquio, Ygaku-Shoin/Saunders (1983).

54. Albert, R., "Selective Toxicity", The Physicochemical Basis of Therapy, Chapman and Hall, Londres (1973).

55. Dave, T.K., Purohit, J.D., Akbari, J.D. e Joshi, H.S., Indian J. Chem., 46B, 352 (2007).

56. Collins, C.H., "Microbial Methods", Buttler Worths, Londres, 364 (1967).

57. Nair, M.I.H. e Thankamani, D., Indian J. Chem, 48A, 1212 (2009).

58. Dhumwad, S.D., Gudasi,K.B. Goudar,T.R., IndianJ.Chem.,33A,320 (1994)

59. Syamasundar,K. e Adharvana C. M., J. Indian Chem. Soc.,78, 32 (2001).

60. El-Manakhly, K.A., Bayoumi, H.A., Ezz. Eldin, M.M. e Hammad, H.A., J. Indian Chem. Soc., 76, 63 (1999).

61. Ibrahim, S.A.,Makhlouf, M., Bull.Fac.Sci.Assiut Uni., Vol.22(2),101 (1993).

62. Makode, J.T. e Aswar, A.S., Indian J. Chem., 43A, 2120 (2004).

63. Khare, M. e Mishra, A.P., J. Indian Chem. Soc., 77, 256 (2000).

64. Singh, N.K., Singh, D.K. e Singh, J., Indian J. Chem., 40A, 1064 (2001).

65. Sharma, R.C. e Ambwani, J., J. Indian Chem. Soc., 72, 507 (1995).

66. Mishra, S. e Chaturvedi, G.K., J. Indian Council Chem, 10(1), 7 (1994).

67. Bansal, A. e Singh, R.V., Indian J. Chem, 40A, 989 (2001).

68. Henri, L.K., Tagenine, J. e Gupta, B.M. Indian J. Chem., 40A, 999 (2001).

69. Kumar, Y., Sethi, P.D. e Jain, C.L., J. Indian Chem. Soc., 67, 796 (1990).

70. Warad, D.U., Satish, C.D., Kulkarni, V.H. e Bajgur, C.S., Indian J. Chem., 39A, 414 (2000).

71. Pancholi, H.B. e Patel, M.M., J. Polym. Mater., 13, 261 (1996).

72. Sandhya Rani, D., Ananthalakshmi, P.V. e Jayatyagaraju, V., Indian J. Chem., 38A, 843 (1999).

73. Mane, P.S., Shirodkar, S.G., Arbad, B.R., Chondhekar, T.K., Indian J. Chem., 40A, 648 (2001).

74. Colcu, A., Tumer, M., Demirelli, H. e Wheatley, R.A., J. Appl. Surface Sci., 253(8), 3913 (2007).

75. Shah, S., Vyas, R. e Mehta, R.H., J. Indian Chem. Soc., 69, 590 (1992).

76. Tiwari, G.D., Tripathi, A., Omkumari e Bhaskar Reddy, M.V., J. Indian Chem. Soc., 71, 755 (1994).

77. Singh, N.K. e Khushawala, S.K., Indian J. Chem, 39A, 1070 (2000).

78. Hussain Khan, M., Indian J. Chem, 46B, 148 (2007).

79. Marchant, J. R. e Chothia, D.S., J. Med. Chem., 13(21), 335 (1970).

80. Shingare, M.S. e Ingle, D.B., J. Indian Chem. Soc., 53, 1036 (1976).

81. Deliwala e Chimanlal, J. Med. Chem., 14(5), 450 (1971).

82. Bushnell, G.W. e Tsang, A.V.M., Can. J. Chem., 57, 603 (1979).

83. Panditrao, P.R., Deval, S.D., Gupta, S.M., Samant, S.D. e Deodhar, L.D., Indian J. Chem., 20B, 929 (1981).

84. More, P.G., Bhalvankar, R.B. e Pattar, S.C., J. Indian Chem. Soc., 78, 474 (2001).

85. Muhi-Eldeen, K.H., Al-Obaidi Nadir e Roche, V.F., J. Euro. Med. Chem., 27, 2 (1992).

86. Prashant, P.K., Sharma, R.C., Kumar, A., Mohan, G., Inorg. Chim. Ata, 151, 201 (1988).

87. Dincer Sebla, Indian J. Chem., 33B, 1335 (1996).

88. Suma, S., Sudersnakumar, M.R., Nair, C.C.R. e Prabhakaran, C.P., Indian J. Chem., 32A, 67 (1993).

89. Gary, R.K. e Sharma, L.M., J. Indian Chem. Soc., 69, 703 (1992).

90. Mahindra, A., Dusher, J.M. e Rabinovitz, M., Nature (Londres), 303, 64 (1983).

91. More, P.G., Lawand, A.S., Dalave, N.V. e Nalawade, A.M., J. Indian Chem. Soc., 85, 862 (2008).

92. Latha, K.P., Vaidya, V.P., Keshavayya, J. e Vagdevi, H.M., J. Ind. Council Chem, 18(1), 31 (2001).

93. Patel, P.S. e Patel, M.M., J. Indian Chem. Soc., 72, 149 (1995).

94. Rathor, N., Pandey, S.C. e Sharma, R.C., J. Ind. Council Chem, 12(2), 19 (1996).

95. Maldhure, A.K. e Aswar, A.S., World J. Chem., 4(2), 707 (2009).

96. Johari, R., Kumar, G., Kumar, D. e Singh, S., J. Ind. Council Chem, 26(1), 23 (2009).

97. Nair, R., Shah, A., Baluja, S. e Chanda, S., J. Serb. Chem. Soc., 71(7), 733 (2006).

98. Mishra, A.P. e Soni, M., Hindawi Publ. Corp. Metal-Based Drugs, Art. Id. 8754010, 1 (2008).

99. Daniel, T.T. e Ihm, S., J. Ind. Eng. Chem., 9(5), 569 (2003).

100. Mohamed, G.G., Omar, M.M. e Hindy, A.M., Turk. J. Chem., 30, 361 (2006).

101. Singh, V.P. e Singh, A., Russian J. Coord. Chem., 34(5), 374 (2008).

102. Venkatesh, P., Asian J. Pharm. Hea. Sci., 1(1), 8 (2011).

103. Baluja, S., Solanki, A. e Kachhadia, N., J. Iranian Chem.Soc.,3(4),312 (2006).

104. Mapari, A.K. e Mangaonkar, V., Int. J. ChemTech Res., 3(1), 477 (2011).

105. Peach e Tracy, Berlim, Vol. III, 639 (1955).

106. British Pharmocopia Vol. II, Her Majestic Stationary Office, Londres, A 12 (1980). British Pharmocopia, Pharmaceutical Press, 789, Londres (1953).

107. Cappuccino, J.C. e Sherman, N., "Microbiology : A Laboratory Manual", Addison Weslex-Publishing Company (1983)

Printed by Books on Demand GmbH, Norderstedt / Germany